تطبيقات الأوزون

فى حياتنا

محمد الحسينى

استخدامات عديدة فى مجالات

الزراعة والصناعة والمنزل والطب والصحة العامة

© 2018 Mohamed A. Hossiny

ISBN-13: 978-1987488647
ISBN-10: 1987488644

1

Ozone in our Lives

©2018 Mohamed A. Hossiny

ISBN-13: 978-1987488647
ISBN-10: 1987488644

2

مقدمــة

جمعتنى الصدفة مع أحد المزارعين، وهو يصف لى تجربته فى إستخدام غاز الأوزون بدلا من المبيدات الفطرية المستخدمة فى هذا المرض وعن مدى سعادته بالنتائج التى حصل عليها من حيث القضاء على الآفة تماما. والأمان فى إستخدام المبيد الطبيعى – والبعد بقدر الإمكان عن سوق المبيدات المغشوشة والمهربة والمؤذية ..

ومن شدة إعجابى بحديثه عن غاز الأوزون قررت الحصول على جهاز للمنزل.. وفى داخل الشركة تقابلت مع المهندس المسئول عنها .. وتحدثت معه هو الآخر عن تجربته فى هذا المجال الذى دخله هو الآخر بالصدفة التى جمعته مع دكتور طبيب متخصص فى العلاج بالأوزون ومشاهدته شخصيا لعلاج صديق له، أصيب بغررينا فى قدمه وكان فى طريقة لاجراء عملية بتر القدم فأشرت عليه أن نذهب لعيادة هذا الطبيب للمحاولة، وشاهدت بنفسى درجة التحسن فى كل جلسة للعلاج وأخيرا تم أنقاذ قدم صديقى بفضل الأوزون.

وأخذت أتابع عمل الجهاز فى المنزل، وكانت أول مفاجأة لى، أننى إستطعت تناول الفاكهة التى أحبها وهى التين بدون خوف

مما يصيبنى منها، خاصة وأن طريقة غسلها صعبة، وبعد استخدام الأوزون إستطعت أن أحتفظ بها فى الثلاجة لاكثر من اسبوع وبدون أن تتلف أو أصاب بالمغص ..

وزاد إقتناعى بالأوزون ودوره المبشر بالخير، وبدأت إتصالاتى بجهات أخرى بحثية فى اكثر من جامعة لاتابع رأى العلم فى هذه التقنية حتى نكون على بينة. ودعوت المهتمين بهذا المجال من الجامعات والبحوث والشركات لندوة عن الأوزون وتطبيقاته فى حياتنا –الزراعة – الطب – الصناعة – الحياة العامة – فى كلية الزراعة بصفتى عضو جمعية المزراعين التنمية الريفية وفوجئت بعدد الحضور الذى فاق ماتوقعته، ومدى إهتمام الجمهور بهذا الموضوع وقد وضعت كل ماحصلت عليه من نتائج فى هذا الكتاب الذى أردت به أن يكون نواة لمزيد من البحث والتجارب والنتائج التى تمكنا من وضع الأوزون على خريطة مصر الصحية والعلمية، حيث أصبح هذا المجال يستأثر على إهتمام الكثيرين فى مجالات عديدة صحيا وطبيا وزراعيا وصناعيا.

وارجو من الله ان يتقبل هذا العمل خالصا لوجهه الكريم.

" رب ارزقنى علما نافعا ورزقا واسعا وشفاء من كل داء وسقم "

تحريرا فى 2012/1/20

محمد الحسينى

الفصل الأول: الأوزون

أولا: تعرف على الأوزون

الأوزون فى الطبيعة

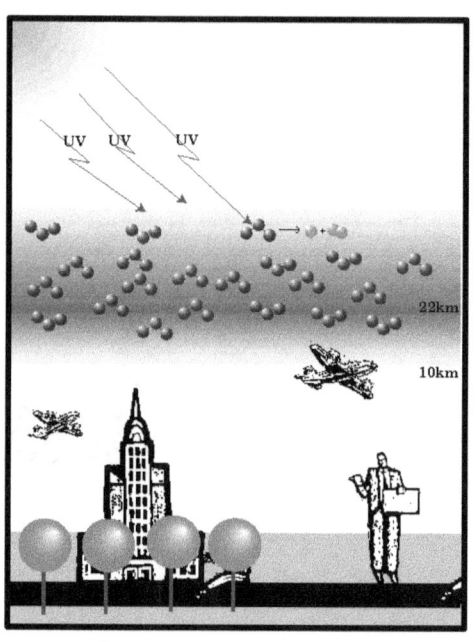

1–أشعة الشمس الفوق بنفسجية، 2– طبقة الاستراتوسفير المحتوية على الأوزون ثلاثى ذرات الاكسجين، 3– طبقة الغلاف الجوى

يوجد الأوزون فى طبقات الجو العليا كجزء من طبقة الستراتوسفير للغلاف الجوى وتقع على إرتفاع ما بين (15–30 كيلو مترا) فوق سطح الأرض وهو غاز له لون أزرق يتكون من ثلاث ذرات من الاكسجين، ونسبته فى الغلاف الجوى ضئيلة وهو غاز سام ومن

رحمة الله بعبادة انه يتكون قريبا من سطح الارض حتى لايستنشقه الانسان أو الحيوان.

أهميته

تكون الأوزون فى طبقات الجو العليا – هام للحفاظ على الحياة واستمرارها حيث يعمل على وقاية جو الارض من حوالى 97% من أشعة الشمس فوق البنفسجية (UVC) – ذات الموجات القصيرة الخطرة على الحياة .. وعندما يقل سمك طبقة الاوزون أو يتآكل جزء منها مكونا ثقوبا سوداء فيها، فتسمح بمرور الاشعة فوق البنفسجية للارض. وقد يصل إلى سطح الارض بعض من الاشعة طويلة الموجه (UVA) – وهى لا تضر بشكل كبير.

الاضرار التى يسببها ثقب الاوزون

يوجد الأوزون فى الغلاف الجوى للارض فى حالة توازن ديناميكى، حيث يظل فى حالة بناء وهدم باستمرار – مما يؤدى إلى وجوده فى صورة متوازنة ومتساوية فى المقدار فى الظروف الطبيعية فيتحول جزء من غاز الاكسجين إلى غاز اوزون.

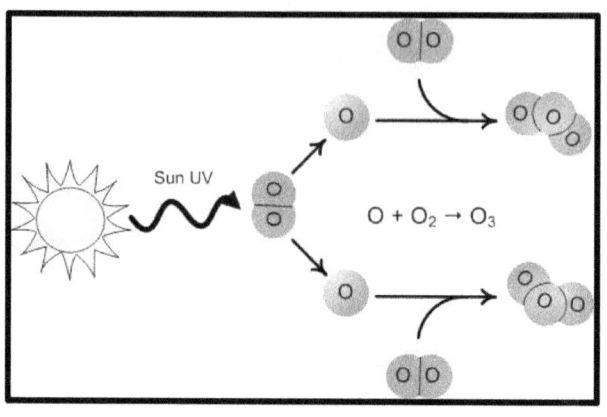

تكون الأوزون بفعل الاشعة فوق البنفسجية فى طبقة الاستراتوسفير

بفعل الأشعة فوق البنفسجية القوية التى تصدرها الشمس. وبتعرض الأوزون مرة أخرى للاشعة فوق البنفسجية فتنفصل ذراته ليتكون الاكسجين باتحاد ذرتين وانطلاق اخرى حرة تتحد مع جزئ إكسجين لتكون الأوزون ..

ولكن مع زيادة نسبة الملوثات من النشاط الصناعى الذى يمارسة الانسان وخاصة لبعض المواد مثل (كلوروفلورو كربون وميثايل الكلوروفوم) وهى المواد المستخدمة فى إنتاج سبراى المبيدات الحشرية وغيرها من المواد المستخدمة فى التبريد للثلاجات وأجهزة التكييف والمنظفات الصناعية وبوصولها إلى طبقات الجو العليا، تعمل الاشعة فوق البنفسجية على تفكيكها وبالتالى تفكيك الاوزون وانخفاض نسبته وخرق هذا التوازن مما

يؤدى إلى حدوث ثقب الأوزون (نضوب غاز الأوزون فى بعض المناطق).

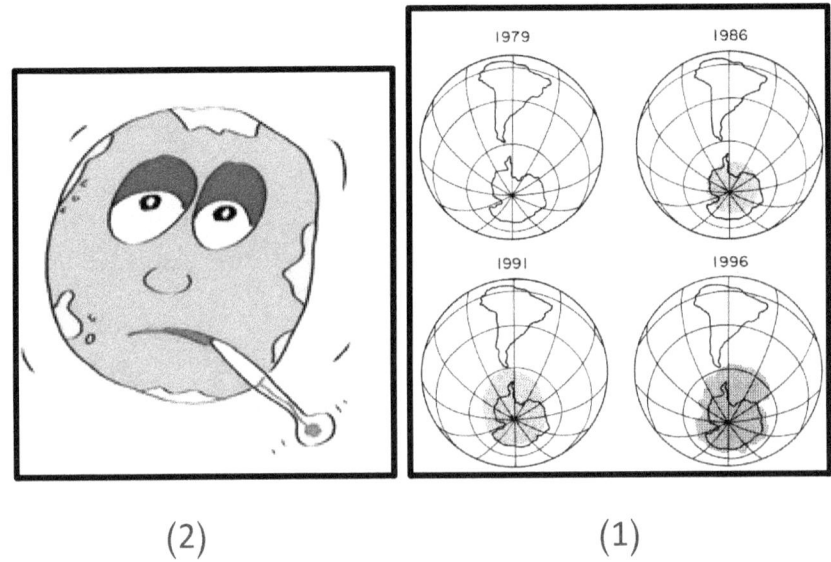

(2)　　　　　　　　　　(1)

(1) اتساع ثقب الأوزون فى القطب الجنوبى للكرة الارضية من 1986 وحتى 1996

(2) زيادة درجات الحرارة للكرة الأرضية مع زيادة الاشعة فوق البنفسجية

الاضرار التى تسببها زيادة الاشعة فوق البنفسجية

1) ضعف الجهاز المناعى للانسان
2) تناقص عمليات البناء الضوئى للنباتات مما يؤدى لنقص المحاصيل الزراعية

3) تسرب اشعاعات كونية للارض تؤدى للاصابة بسرطانات الجلد

4) زيادة الاشعة الفوق بنفسجية يزيد من درجات الحرارة وبالتالى إنصهار الجليد فى القطبين الشمالى والجنوبى مما يؤدى لارتفاع مستوى البحار وغرق أجزاء من الارض القريبة من الشواطئ.

إتفاقية مونتريال

فى عام 1987 وقعت 36 دولة على آتفاقية دولية تدعوا الدول إلى الحد من انتاج مركبات (ك . ف .ك)، وفى عام 1990 ثم الاتفاق على الايقاف الكلى لانتاج هذه المركبات على نهاية القرن العشرين مما يؤدى إلى تقليل الضرر الناتج من زيادة ثقب الاوزون.

تكون الاوزون عند حدوث الصواعق الرعدية

من الطرق الأخرى التى يتكون منها الأوزون فى الطبيعة، عند حدوث الصواعق الرعدية التى تعمل هى الأخرى على كسر الرابطة فى جزئ الاكجسين وانفراد ذراته لتتحد إحداهما مع جزئ اكسجين ليتكون الأوزون (O_3) وهذا ما تشعر به بعد الصواعق الرعدية والمطر من نقاء الجو وصفائه وانبعاث رائحة مميزه له.

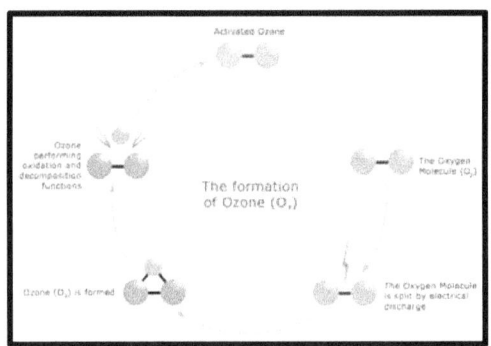

الاوزون مؤكسد قوى

التفاعل العكسى الأوزون

يحدث من خلال نوع من الأشعة الفوق بنفسجية أن يتحول الاوزون إلى أوكسجين O_2 وذرة اكسجين (أى التفاعل العكسى) ولكنه يتم ببطئ. وذرة الأكسجين الحرة تجعل الأوزون من أقوى المؤكسدات لسرعة إتحادها وتفاعلها مع المركبات العضوية وغير العضوية فى الوسط أو تعيد إتحادها مع جزئ اكسجين لتكوين الأوزون. فالاوزون يكون فى حالة غير ثابتة، فهو فى حالة

استنفاد دائم سواء بتأثير الاشعة فوق البنفسجية أو بأكسدة الملوثات المنبعثة من الأرض أو بالتفاعل العكسى.

لماذا يطلق عليه إسم أوزون؟

كلمة أوزون (Ozone) أصلها كلمة أوزن (Ozon) وهي كلمة يونانية مشتقة من فعل (Ozein) بمعنى شم (to smell)؛ أو الرائحة الفجة أو القوية .. وقد أطلق الاغريق القدامى هذا الاسم على ما شاهدوه من وجود رائحة مميزة تشبه رائحة التبن فى أجران الحصاد بعد الليالى التى تعقب العواصف الرعديه الممطرة، حيث يتشبع بها الهواء.

طبيعة غاز الأوزون

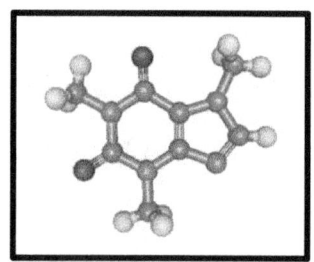

قدرة غاز الأوزون العالية على الاكسدة للملوثات فى الطبيعة والكائنات الحية جعله من أفضل المطهرات الطبيعية

1- غاز عديم اللون فى درجة حرارة الغرفة وأزرق باهت فى المحلول المائى
2- له رائحة مميزة ومنعشة فى التركيزات المنخفضة
3- غاز غير ثابت فى الظروف العادية
4- سهل الذوبان فى الماء اكثر من الاكسجين 12 مرة تقريبا
5- أقوى المؤكسدات المعروفة وخاصة للمادة الحيوية
6- مطهر غير كمياوى قوى جدا وله ميزة فريدة فى التحول إلى مادة آمنة بيئيا غير سامة وغير مؤذية بل مفيدة وهى الاكسجين
7- أسرع فى تأثيره المعقم بواسطة القتل المباشر للبكتريا والفيروسات (اكثر 3500 مرة من الكلور)
8- يتفاعل الأوزون مع المركبات غير العضوية والعناصر الثقيلة مكونا أكسيدها فيساعد بذلك على ترسيبها والتخلص منها بالترشيح
9- يتأثر ثباته بدرجات الحرارة، فكلما قلت درجات الحرارة كلما أمكن الاحتفاظ بتأثيرة داخل الماء لاطول فترة ممكنة (فى درجة حرارة الغرفة يمكن لماء الأوزون أن يكون مؤثرا بخواصة لحوالى ساعة على الاكثر بينما الاحتفاظ به فى الثلاجة يجعلة

مؤثرا لحوالى 4-2 أيام -وبالتجميد للماء المعامل بالأوزون يمكن الاحتفاظ به فى صورة مؤثرة عند استعماله لعدة أشهر).

هل تشعر بغاز الأوزون فى الطبيعية؟

بامكان الناس تمييز رائحة الأوزون المميزة على سطح الارض فى الصباح الباكر مع بزوغ أشعة الشمس وتشكل قطرات الندى على أوراق وسيقان النباتات .. فالأوزون اكثر ثقلا من الهواء الجوى ولذلك فإنه يهبط باتجاه الأرض فى فترة سطوع الشمس وبداية تكونه من تأثير الاشعة فوق البنفسجية ويذوب فى قطرات الندى مكونا ماء الأوزون ويعمل خلال الصباح على تطهير سطح الارض من الفطريات والبكتريا والفيروسات والسموم التى تتجمع على سطحها فينقى الهواء ويغذيه بالاكسجين؛ ولذلك يطلق على

رائحة الأوزون خلال هذه الفترة والتى تشعر بها مع الفجر برائحة نظافة حيوية نقية.

ومن فضل الله علينا أنه لو تجمعت كل هذه الملوثات طول اليوم على سطح الارض وتعرضت لاشعة الشمس لتخمرت وأصبحت ضارة للحياة على سطح الأرض ولكن يتولى الأوزون مع سطوع الشمس ممارسة دورة فى نظافة سطح الارض وقد تمكن العلماء (1785-1840) عند تسليط شحنات كهربائية على غاز الاكسجين ملاحظة هذه الرائحة المميزة لغاز الأوزون.

الأوزون دواء الفقير

إن اللجوء إلى إستنشاق هواء الصباح الباكر والحصول على نسماتة المشبعة بالأكسجين النقى خلال بداية تكون الاوزون الطبيعى وهبوطه للارض ليتحد مع ملوثات البيئة فينقى الهواء الذى نتنفسة ويزداد الاكسجين الناتج تواجدا مما يؤدى للاحساس بالنشاط والحيوية مع نشاط الدورة الدموية للجسم. ولكن ماهو التفسير العلمى لذلك .. إن مايحدث على سطح الارض وفى طبقات الهواء من تأثير الأوزون على الملوثات يحدث أيضا داخل أجسامنا .. فالأوزون عامل مؤكسد قوى جدا. وهذه القدرة على

الاكسدة الحيوية هى الأساس العلمى الذى يستخدم على أساسه الأوزون فى الطب والصناعة والحياة العامة.

العمليات الحيوية التى تتم داخل أجسامنا ينتج عنها بعض السموم التى يتم التخلص منها عن طريق الاكسدة، أى التحول الكيميائى للمواد تحت تأثير الاكسجين وينتج عنها تحول السموم إلى ثانى اكسيد الكربون وماء ويتخلص منها الجسم بالوسائل المعروفة من تنفس وتبول وإخراج.

وقد يعجز الجسم على التخلص من كل هذه السموم لزيادة التلوث من حولة أو لعدم ممارسة الرياضة نتيجة لنقص الاكسجين فى البيئة التى تحيط به ويأتى هنا دور الأوزون الذى يمد الجسم بقدر كاف من الاكسجين فيعمل على اكسدة البكتريا والفيروسات فى الخلايا المريضة ويقضى عليها كما أن الخلايا الطبيعية تصل إلى حالة من النقاء بعد تخلصها من هذه السموم وبتكاليف قليلة تناسب الفقير. وربما يعود لهذه الفكرة استخدام الأوزون فى جميع مجالات الحياة مثل الزراعة والصناعة والطب ..

كيفية إنتاج الأوزون صناعيا

هناك أسلوبين لانتاج الأوزون فى الطبيعة

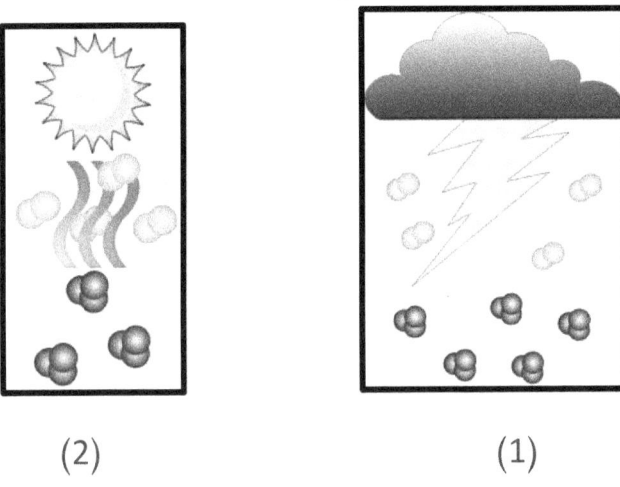

(1) (2)

تكون الاوزون فى الطبيعة 1-بالاشعة 2-بالرعد

الأولى: تأثير الاشعة فوق البنفسجية المنبعثة من الشمس لكسر الرابطة المزدوجة فى جزئ الاكسجين ثم تكون الأوزون.

الثانية : مايحدث أثناء العواصف الرعدية حيث تتولد الطاقة من تفريغ الشحنة فى البرق فتعمل على كسر الرابطة المزدوجة فى جزء الاكسجين فتتحد احداهما مع جزئ آخر لتكون الأوزون ثلاثى ذرات الأكسجين.

مولد الأوزون

فى الصناعة يتم محاكاة مايحدث فى الطبيعة حيث يتم توليد الأوزون باحد الاسلوبين السابقين.

المولد من نوع (CD) عبارة عن قضيب من النحاس الاصفر مثبت داخل أنبوب زجاجى اسطوانى الشكل مغطى بطبقة من الجرافيت والمولد له فتحة دخول الهواء ليمر على مروحة لتدفع الهواء – والفتحة الاخرى لخروج الأوزون المتولد، ويتصل الجهاز بمحول كهربى لتحويل الجهد المنخفض إلى جهد عال حوالى الفى فولت – والغرض من توفير جهد عالى ليحدث شرارة كهربائية تعمل على تأين الهواء الجوى مما يؤدى لتحرير بعض الاليكترونات والتى يتم تعجيلها بتأثير الجهد الكهربى العالى فتتصادم مع بعضها ونتيجة لهذا التصادم يتحرر مزيد من الاليكترونات ويترتب على ذلك تكسير روابط جزئ الاكسجين التى تربط ذرتيه – وتتحد مع رابط ثالث لذرة أخرى لتكون الأوزون الثلاثى الذرات.

المولد من نوع الأشعة فوق البنفسجية (ultraviolet) وباختصار "يو فى" (UV) حيث يحاكى مايحدث فى الطبيعة باستخدام أشعة الشمس الفوق بنفسجية لانتاج الأوزون – وذلك باستخدام لمبات الترافايلوت التى تنتج تلك الاشعة.

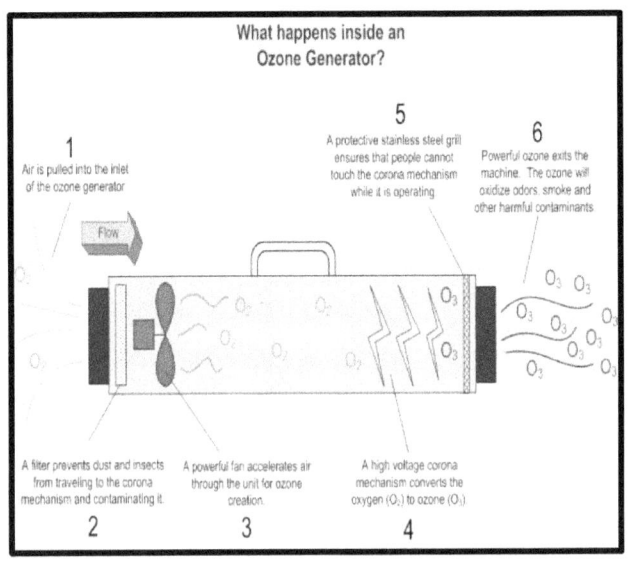

أشكال أجهزة توليد الاوزون وأحجامها

أجهزة توليد الأوزون يمكن تقسيمها إلى حجمين حسب الغرض الذى تستخدم له فالأجهزة المنزلية تناسب الاستخدامات المنزلية مثل تعقيم ماء الشرب وتطهير الخضرو الفاكهة أو استعماله للبشرة، فلا يتعدى حجم الماء المستخدم 1-3 لتر ماء ولذلك تنتج أوزون بمعدل 400 ملى جرام أوزون/ساعة (400-600).

أما فى الصناعة أو الزراعة أو الطب فتحتاج إلى أجهزة اكثر قدرة على إنتاج كمية اكبر من الأوزون، فالمولد الذى يستخدم فى الزراعة (فى حالة إستخدامه كمبيد فطرى لرش الأشجار) يتطلب تشبع المياه التى تملا موتور الرش سعة 600 لتر ماء بالآوزون

وهذا يتطلب قدرة اكبر تصل إلى 40 جرام/ساعة. ويتوفر بالاسواق أحجام منها 5 جرام/ساعة، 10 جرام/ ساعة 20 جرام/ ساعة، 30 جرام/ساعة، 40 جرام/ساعة.

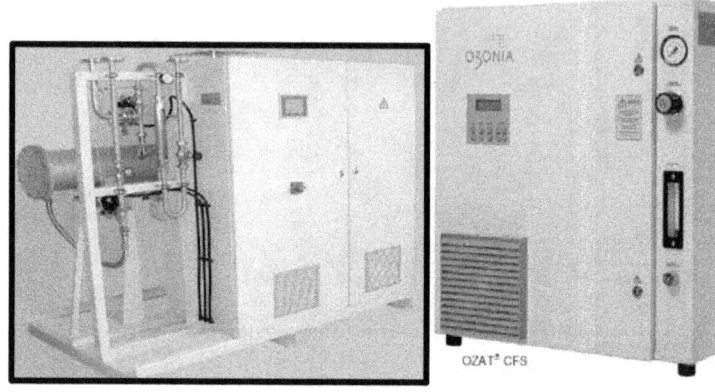

اجهزة لانتاج الاوزون للصناعة والزراعة

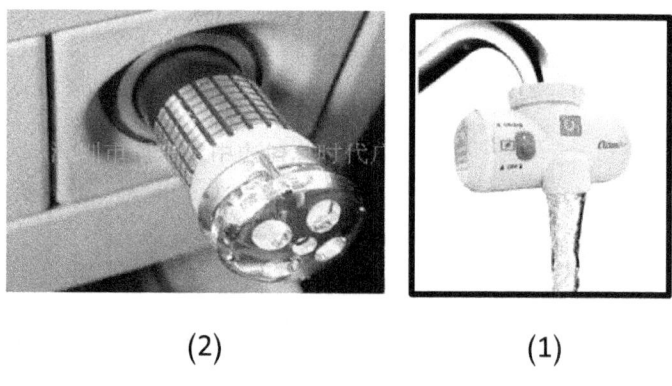

(2)   (1)

1-جهاز توليد أوزون يتم تثبيتة على صنبور المياه للحصول على مياه معقمة وصحية

2-جهاز توليد الأوزون يركب فى ولاعة السيارة لامتصاص أى روائح مثل السجائر وتنقية الهواء

أجهزة إنتاج الأوزون للاستخدامات الطبية

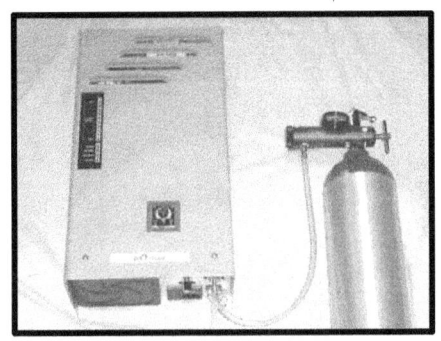

اجهزة اوزون للاستخدامات الطبية

وتستخدم هذه الاجهزة الأكسجين النقى فى إنتاج الأوزون ويمكن التحكم فى الجهاز لانتاج الجرعة من الغاز التى يراها الطبيب مناسبة للحالة المرضية وغالبا ماتكون نسبة الخلط بين الأوكسجين والأوزون فى حالة استخدامه للحقن داخل الجسم 0.5% أوزون – 99.5% اكسجين نقى وتزداد النسبة فى الاستخدام السطحى 5% أوزون – 95% اكجسين نقى.

استخدام الأوزون فى المطاعم والمطابخ

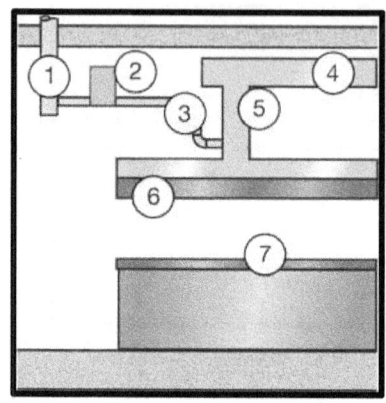

1-مدخل الهواء لمولد الأوزون؛ 2-جهاز توليد الأوزون؛ 3-توصيلات رأسية؛ 4-توصيلات افقية؛ 5-قلنسوة لامتصاص الادخنة؛ 6- منضدة الاعداد للطعام

استخدام الأوزن فى المطاعم- فمن الشائع انتشار الروائح بكميات كبيرة اثناء اعداد الطعام أو فى الطبخ داخل المنزل والاوزون يعمل كمطهر لامتصاص الروائح وتقليلها -ويمنع تراكم الشحوم داخل اجهزة التهوية.

الكشف عن تركيز الاوزون

من المعروف أن الأوزن يستنفد سريعا لان حياتة قصيرة ولايترك أى أثر ليدل عليه، وقد توصلت بعض الشركات إلى قياس يمكن من خلاله الاسترشاد لكمية الأوزون فى الماء وذلك باسلوب

بسيط وسريع للتأكد من نشاط الاوزون الفعال فى مختلف الصناعات والاستخدامات.

أقراص الأوزن

مستحضر (Biotekkit): عند وضع قرص الاوزون فى العينة فإنه يحدث تغير للون العينة فيتم مطابقتها مع دليل الالوان والذى يشير فيه كل لون إلى تركيز معين.

خطوات التنفيذ:

1. شطف وتنظيف القنينية ثم تملا من الماء المشبع بالأوزون حتى خط العلامة 15 مل
2. ضع قرص واحد فى القنينة واغلق القنينة من اعلى
3. رج القنينة حتى ذوبان القرص تمام
4. إمسك القنينة مرتفعة بمقدار 2 سم فوق الخلفية البيضاء للوحة الالوان لتطابق مع اللون المناسب واقرا تركيز الأوزون (جزء فى المليون).

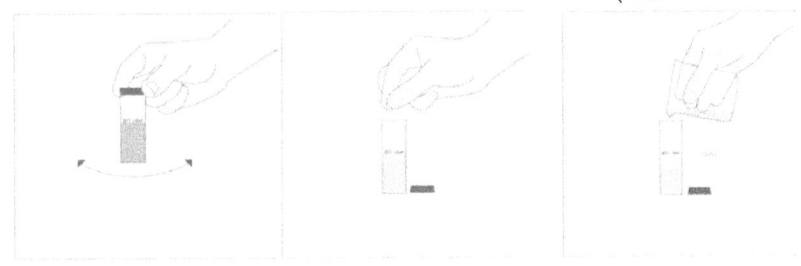

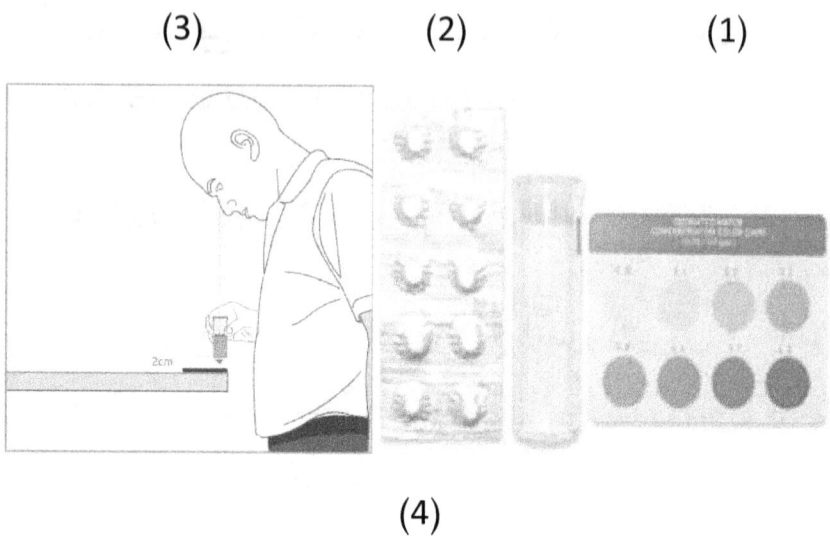

(3) (2) (1)

(4)

الاقراص المستخدمة والقنينة ودليل الالوان حيث يقابل كل لون درجة التركيز (www.biosureozone.com)

الاتحاد العالمى للأوزون

تم إنشاء الاتحاد العالمى للأوزون عام 1973 إيمانا بتعدد فوائدة وانتشار استخداماته فى المجالات الطبية والصحة العام والصناعة، حيث يصدر العديد من الابحاث العلمية فى المجال، ويعقد العديد من المؤتمرات الدولية لتقديم الجديد فى مجال الاوزون واستخداماته. ويقام فى شهر سبتمبر من كل عام إحتفال بالأوزون وخدماته التى تضاف باستمرار لخدمة البشرية وفى نفس الوقت يكون للاحتفال صورة نداء للحفاظ على طبقة الأوزون من التآكل.

يوم الاوزون العالمى "شهر سبتمبر"

ثانيا: الاوزون والزراعة

إن استخدام تقنية الأوزون فى مجال الزراعة من المجالات الحديثة والتى تناولتها العديد من الدراسات والبحوث والاختبارات، وقد أثبتت هذه الدراسات والبحوث نجاحها فى العديد من مجالات الزراعة والوصول بالمنتج الزراعى الآمن صحيا إلى المستهلك.

وأحب أن أشير إلى حقيقة فى هذا المجال – أن إستخدام الأوزون فى حفظ المواد الغذائية لن يحول الطعام الفاسد إلى طعام عالى الجودة، وإنما هو القضاء على كل البكتريا الموجودة عليها، فإن تأخر استخدام هذه التقنية فإنه يحافظ على الجزء المتبقى من المنتج على حالته.

الأوزون فى الحفظ والتخزين

تعتبر ثمار الخضر والفاكهة ونباتات الزينة ذات أنسجة حساسة حية، يحدث داخلها بعض التغيرات الطبيعية والتى قد تكون مرغوبة فى بعضها وغير مرغوبة فى البعض الآخر وهذه التغيرات لايمكن لنا إيقافها .. ولكن يمكن العمل على حدوثها ببطء أو فى حدود معينة .. وتصل هذه التغيرات بالخلية أو بالثمار أو بالنباتات لأقصى مرحلة فى التغير الحادث وهى مرحلة الشيخوخة ..

وعادة ماتكون هذه التغيرات التى تحدث فى الحاصلات البستانية سريعة : نظرا لارتفاع محتواها من الرطوبة وبالتالى تفقد الماء بسهولة مما يؤدى لذبولها وكرمشتها بالاضافة للاضرار الميكانيكية التى تكون السبب فى الاصابة بالفطريات والبكتريا مما يؤدى إلى تدهورها مرضيا.

ومع إزدياد الحاجة لاستخدام كميات كبيرة من الفاكهة والخضروات جعلت التخزين لفترات طويلة (ستة أشهر) هدف هام لكل من المنتج أو التاجر، ولذلك تم اللجوء لاستخدام الأوزون عن طريق اكسدة غاز الايثلين المسئول عن نضج الفاكهة بتوليده فى بيئة الحاوية أو المخزن، وبذلك تظل الفاكهة خضراء كما هى (مثال حفظ الموز فى حاويات النقل العملاقة).

كما يقابل منتجى ومصدرى النباتات الورقية والابصال مشكلة العد البكتيرى للمنتج النهائى سواء بسبب بيئة الزراعة الأصلية أو المياه المستخدمة أثناء الغسيل أو فى مخازن المنتج النهائى – – إستخدام الماء المشبع بالأوزون قبل التعبئة للقضاء على أى فطريات أو بكتريا والابقاء عليها خضراء فى مرحلة التخزين فيتم توليد الأوزون داخل المخازن.

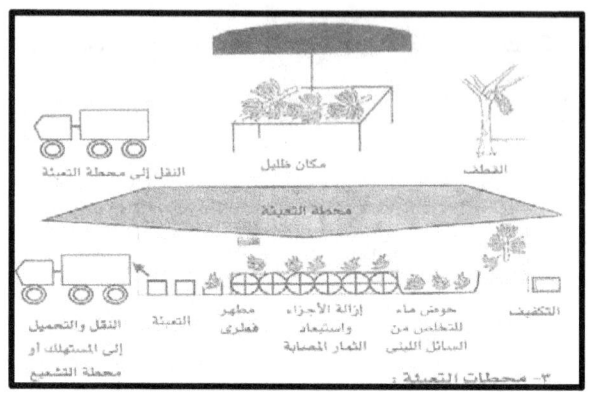

استخدام الماء المشبع بالاوزون بدلا من المطهر الفطرى قبل التعبئة يعطى نتائج افضل وآمنة

تطبيقات الاوزون على الخضر والفاكهة فيما بعد الحصاد

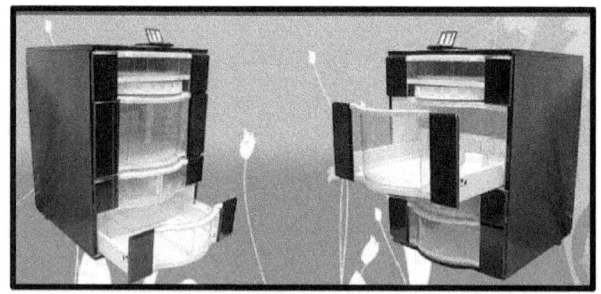

تخزين الخضر والفاكهة فى مستويات منخفضة من الأوزون

تفقد المحاصيل الطازجة حوالى 30% منها أثناء تسويقها نتيجة للفساد الميكروبى ويؤدى إستخدام مستويات منخفضة من غاز الاوزون الى الحيلولة دون حدوث فساد ميكروبى فى مجموعة

واسعة من الاطعمة الطازجة المخزنة بما فيها الفراولة والطماطم والعنب والبرقوق والخس ..

وتوفير الاوزون فى الوسط التخزينى يقلل إلى حد كبير من تكاثر الجراثيم والفطريات والآفات التى تظهر على الفواكة المصابة بالفعل.

وتخزين الفواكه فى مستويات منخفضة من الأوزون لمدة تصل إلى 8 أيام فإن ذلك يحول دون تطور الآفات بنسبة 95% وذلك حسب نوع الفاكهة ومستويات العدوى الفطرية.

الأوزون فى مزارع الدواجن

الأوزون ومعاملة البيض داخل الحضانات

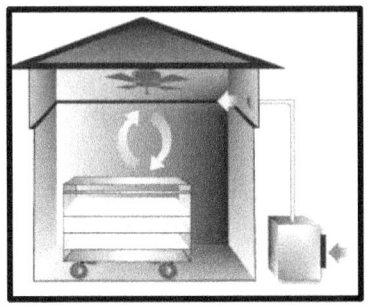

تطهير البيض قبل وأثناء تواجده فى الحضانات بالاوزون –ويلاحظ دخول الهواء لجهاز الاوزون من خارج العنبر وينتشر للداخل بمساعدة مروحة فى السقف

مصادر التلوث فى عنابر الدواجن

1- يعتبر بيض الدواجن سواء كان حفظه للاستخدام المباشر فى التغذية أو فى وحدات التفريخ بيئة مناسبة لنمو البكتريا والجراثيم والفيروسات وغيرها على القشرة وهذه البكتريا قادرة على اختراق القشرة. حيث يتم جمع البيض من المزارع ملوثا من بيئة المزرعة

2- مداخل العنابر وما يخترقها من تلوث من طريق فتحات التهوية

3- عن طريق العمال والمتعاملين مع الطيور

لذلك للتخلص من التلوث والعدوى بالامراض يجب:

أ- خلق جو مناسب من درجة الحرارة والرطوبة فى الحضانات والعنابر

ب- استخدام الاوزون المشبع بالاكسجين فى تعقيم الجو والبيض (معالجة الهواء داخل الحضانات وغسل البيض كمرحلة مبدئية قبل دخوله الحضانات بماء معامل بالأوزون)

كيف يستخدم الاوزون فى الحضانات

1- البداية من غرفة خلع الملابس للعاملين بالمزرعة

2- الحمامات والمراحيض

3- مخازن الصناديق والصوانى بحيث تخضع كلها للمعاملة بالأوزون

4- معاملة الهواء الداخل للحضانات من الخارج بالأوزون حتى يتم الفقس

5- تجهيز وسائل النقل بمعالجات خاصة تعمل على تيار (12- 24 فولتا) للحصول على جو معقم

الأوزون لاكسدة غاز الامونيا فى عنابر الدواجن

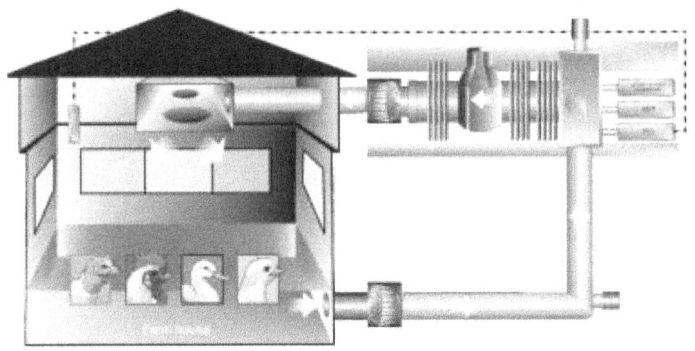

شفط غاز النشادر من العنبر ودفع غاز الاوزون من أعلى العنبر لاكسدة المركبات العضوية

- فى المعتاد يتم تطهيرها قبل وصول الدفعة من الدواجن بـ 5-15يوما باستخدام المطهرات بشكل مكثف وهى مواد عديدة مختلفة
- وتظل هذه العنابر خالية من مسببات الأمراض حتى يتم فتح فتحات التهوية والابواب للتخلص من الغازات المتبقية بالعنبر
- ويؤدى ذلك إلى دخول كافة البكتريا والجراثيم والفيروسات وعندما تصل دفعات الدواجن فإننا نصطدم باندفاع النشادر الناتجه عن تحلل المواد العضوية المتبقية والروائح وإلى تلوث العلف وتخمره. ولذلك يستخدم غاز الأوزون فى عنابر الدواجن لاكسدة المركبات العضوية المتطايرة الناتجة من مخلفات الدواجن وبالتالى زيادة الاكسجين فى هواء العنابر وهذا الاجراء يؤدى إلى:

1- التخلص من النشادر والروائح بالعنابر
2- تم الحصول على 20% زيادة فى الوزن لنفس الكمية من العلف نتيجة لتحسن الهضم (هضم جيد للغذاء) وبالتالى تحول غذائى أفضل.
3- تحسن فى نوعية اللحم
4- الاستفادة من طول الفترة التى يتم فيها تجهيز العنابر للدفعات التالية باستخدام المواد الكيماوية والمتطايره
5- عند توافر التدفئة للطيور فهناك فترات تتطلب فتح النوافذ (الهوايات) لتوفير قدر من الاكسجين للداخل – مما يسبب فقد

فى السعرات الحرارية وبالتالى يسبب امراض للجهاز التنفسى لذلك فإن تطبيق استخدام الأوزون يوفر نسبة الاكسجين اللازم للدواجن.

ملحوظة

1-عند دفع الأوزون المشبع بالاوكجسين يحدث للدواجن أعراض مشابهة للاختناق مما يؤدى الى تكتلها فى إحدى الاركان ... ولكن بعد ساعات من المعاملة المكثفة تعود الدواجن لحالتها الصحية الجيدة .

2-إتباع إرشادات الاستخدام التى مع الجهاز والتى تشير إلى تركيز الأوزون ونسبته للاكسجين ومدة التعرض.

الاوزون لتعقيم ماء شرب الدواجن

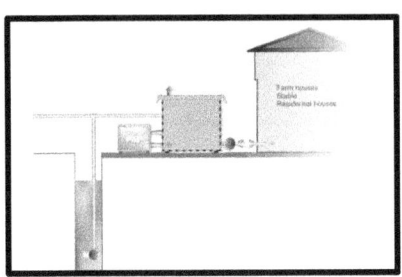

دورة تعقيم مياه الشرب قبل انتقالها الى العنابر من خلال تنك ماء ومعاملته بالاوزون

من اخطر وسائل نقل العدوى فى مزارع الدواجن والانتاج الحيوانى عموما هى ماء الشرب. ومعاملة الماء باضافة المركبات الكيماوية تزيد من اثار التلوث الكيماوى. لذلك كان استخدام الاوزون فى تعقيم مياه الشرب هو الوسيلة الفعالة للقضاء على الفيروسات والبكتريا المسببه لنقل المرض وبدون اى اثار ويساعد استعمال الماء المشبع بالاوزون على منع انسداد حلمات الشرب.

الاوزون فى مرحلة تصنيع الدواجن

تداول الدجاج فى مرحلة الذبح وازالة الريش والاحشاء من اخطر المراحل التى تتعرض فيها اللحوم للتلوث

تتعرض الدواجن اثناء تداولها للعديد من الميكروبات المفسدة والممرضة والمسببة للتسمم الغذائى ومن اخطر الميكروبات

الممرضة- ميكروب السلمونيلا والذى ينتشر بصورة كبيرة حتى فى الدواجن المجمدة لفترات طويلة وزيادة الرغبة من اصحاب المجازر ومصنعى الدواجن على انتاج منتجاتهم سواء كانت لحوم جاهزة او مصنعة خالية من التلوث حتى تصل الى المنتج النهائى وقد كانت النتائج كالاتى:

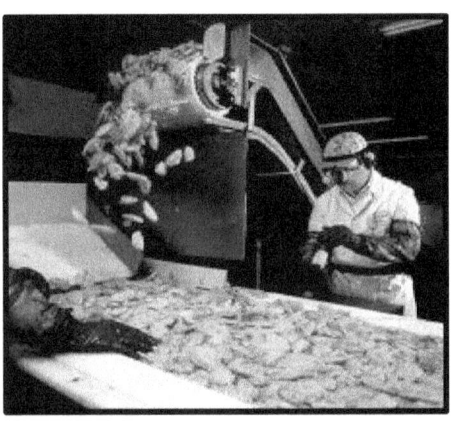

استخدام الاوزون فى المراحل السابقة للتقطيع والاعداد للتعبئة (مراحل التصنيع)

1- استخدام الاوزون فى تعقيم اللحوم فى مرحلة احواض الغسيل البارد بديلا عن الكلور واثاره الضارة

2- تنظيف ادوات المجزر

3- اعادة دورة المياه المستخدمة فى الشطف النهائى(بعد تعقيمها) مما يقلل من المياه المستخدمة فى النظم السابقة والتى يتم التخلص فيها من المياه

4- ادى استخدام الاوزون الى قتل بعض مسببات الامراض التى تقاوم الكلور (الشطف لمدة 30 دقيقة لتحسين الاتصال بين الاوزون والذبيحة)

5- التخلص من مخازن المطهرات والمنظفات الكيماوية الخطرة

6- تخفيض تكاليف تشغيل المرافق الصحية داخل المصنع

7- تعقيم مياه الصرف الصحى والصناعى وحل لمشكلة التخلص من النفايات السائلة ومعالجتها قبل التخلص منها.

الأوزون ومنتجات الالبان

- استخدام الأوزون بدلا من المواد الكيميائية مثل الكلور فى معامل منتجات الالبان فالأوزون المذاب فى الماء البارد يتفاعل مع المواد العضوية مثل البكتريا والفيروسات والمواد

الصلبه بالحليب وطبقات الكالسيوم دون استخدام لاى حرارة أو الماء الساخن

- يغنى أيضا إستخدام الأوزون عن استخدام الطاقة الحرارية والمواد الكيميائية وماتتركه من آثار بالاضافة إلى تنظيف معدات الحليب فهو أفضل
- استخدام كمية مياه أقل بالنصف عن وسائل التنظيف التقليدية
- كما يأخذ نصف الوقت – بالاضافة لامكانية إعادة تدوير ماتبقى من المياه ..
- كما تستخدم المياه المشبعه بالأوزون فى التعقييم لتنظيف مكان العمل وكذلك مصانع تجهيز منتجات الألبان وأحواض الحليب وحاويات التخزين
- بالاضافة لكل ذلك فإن المياه المشبعة بالأوزون لاينتج عنها بقايا كما فى حالة المنظفات الكيماوية والمطهرات
- الأوزون يطهر بقوة اكبر بكثير من المطهرات الأخرى الكيماوية
- قلة تكاليف التشغيل من خلال عدم استخدام المواد الكيماوية التى تتطلب مخازن، حيث يولد الأوزون فى الموقع ..

- استخدام الماء المشبع بالأوزون كبديل اكثر فاعلية واكثر صحة عن المياه المعالجة بالكلور.
- الأوزون يمنع بشكل فعال نمو العفن على سطح الجبن فى مناطق التخزين أثناء التعامل.
- استخدام المواد المستنفدة لايؤثر على نكهة من أى نوع من أنواع الجبن
- يتم خفض مستويات البكتريا على السطح العلوى من الحليب بشكل كبير
- إستخدام الأوزون على الحليب المجفف يسيطر على البكتريا بمعدل اكثر من الطرق العادية بمستويات 1000 مرة أعلى
- تخزين السلع مثل الجبن والزبدة والخضروات لفترات طويلة فى حجرة واحدة دون حدوث تبادل تلوثى.
- استخدام المياه كبديل فعال على استخدام المياه بالكلور فى تعقييم معدات الالبان يؤدى إلى القضاء على الملوثات من البكتريا على الاسطح بصورة كاملة وبدون استخدام الحرارة وبالتالى يستخدم طاقة أقل من أنظمة التعقيم التى تستخدم البخار أو الماء الساخن.

أمثلة تطبيقية

الجبن والالبان

- يؤدى إستخدام الأوزون فى منطقة الانتاج إلى التحكم فى نمو الخميرة والعفن
- يتم تشغيل جهاز توليد الأوزون لمدة 3 ساعات حيث تنتشر فى المساحة خلال الليل أو طوال الليل بمساعدة 2 مروحة لتوزيع الأوزون
- يسمح الأوزون بتحلل المخلفات لمدة 2-3 ساعات قبل حضور الموظفين فى الصباح
- يؤدى ذلك لنجاح كبير فى قمع مستويات العفن والبكتريا .

الاجبان غير المبسترة

فى عمليات انتاج وتوزيع الجبن غير المبستر المصنوع من حليب الابقار والاغنام والماعز حيث يستخدم الاوزون لينشر فى منطقة الانتاج طوال الليل من أجل القضاء على المكورات العنقودية (Staphylococcus).

صناعة الزبادى

يستخدم مولد للأوزون للسيطرة على مستويات البكتريا الجرثومية التى على المعدات فى مكان التصنيع طوال الليل.

الأوزون واستخدامه فى قطاع زراعة النباتات

استخدام الأوزون فى نظم الرى بالتنقيط

استخدام الأوزون فى نظم الرى بالتنقيط – يعمل على توفير كمية من الأوكسجين إلى جذور النباتات مما يسرع فى نموها بصورة أفضل وأسرع من المعتاد حيث يمنح النباتات قوة فى النمو وزيادة فى الانتاج. وهذا النظام يفيد فى معظم النباتات غير أن أشجار الفاكهة وكروم العنب استفادتها اكثر – بالاضافة لتوفير الوقاية من الامراض لهذه النباتات. ومن خلال تطبيق هذه التقنية تم الحصول على هذه النتائج فى البلاد التى طبقتها.

1- يقضى الأوزون على الكائنات الدقيقة (البكتريا) بصورة كبيرة ويتوقف ذلك على كمية الأوزون المشبع بالاكسجين فى الماء وبالتالى يعمل على حماية النباتات من العدوى، بل يقضى على البكتريا والفيروسات والطفيليات التى كان يتم التعامل معها بمواد كيمائية ضاره جدا على المستهلك وعلى البيئة مثل (مبيد التمك) فاستخدام الماء المعامل بالأوزون فى الرى يقضى على العديد من البكتريا. وخاصة التى لها قدرة على التجرثم أو التحوصل داخل أنسجة النباتات والتى تؤدى لتدهور أنسجة النبات.

2- المحصول الناتج من النباتات المعاملة يكون له الفرصة الافضل فى الحفظ أثناء النقل والتخزين فتحافظ على كل

خصائصه فى ظروف مثالية من الحصانة الميكروبيولوجيه.

3- يؤدى الرى بالماء المعامل بالأوزون إلى تحقيق إنتاجية اكثر فى المحصول الناتج وفى مدة الحصاد التى تقل عن الطرق المعتادة وهذا بالتالى يؤدى إلى:

أ. توفير فى كمية مياه الرى

ب. وفر فى الاسمدة المستخدمة والمواد المضافة فتصل إلى حوالى 50% من الكمية المعتادة وكذلك وفر فى المبيدات الحشرية وغيرها

4- تحسن فى نوعية الثمار الناتجة وذلك لتحسن فى نمو النبات نفسه (أوراق – سيقان – جذور) حيث تستكمل الثمار نضجها فى وقت أقل من المعتاد ولكن الحجم مماثل ونمو قوى مع صلاحية أفضل للحفظ

5- زيادة فى الانتاج عن الناتج بنفس الاجراءات والمعاملات المتبعة بدون استخدام الأوزون وبالتالى يحقق عائدا اكبر

6- النباتات الناتجة اكثر نضارة ونشاط وخالية من المشاكل

7- الرى بالماء المعامل بالأوزون يحقق نكهة أفضل وخاصة للفاكهة لزيادة نسبة السكريات

8- منتج متجانس وخالى من العيوب الخارجية

وتتوقف هذه النتائج على إستخدام نسبة الخلط المناسبة بين الأوزون والاكجسين لكل متر مكعب من المياه التى تتدفق فى الساعة الواحدة.

الأوزون فى مكافحة الامراض الفطرية والبكتيرية

إستخدام الأوزون فى مكافحة الامراض الفطرية والبكتيرية، إضافة جيدة للاستخدامات العديدة الآمنة للبيئة بدون أبخرة سامة أو ملوثات ضارة أو إصابات بالتسمم للعاملين فى رش المبيدات والمستهلك من آثار المتبقيات من المبيدات على المحصول بل تستبدل المبيدات الغير آمنة بغاز الأوزون الأمن باذابته فى ماء موتور الرش (600 لتر) وتوجيه الباشبورى إلى الاشجار وغسيلها بالماء المعامل بالاوزون للقضاء على البكتريا والعفن والفطريات

والفيروسات والبرتوزوا والطحالب والخميرة ومسببات الأمراض الفطرية وأخطرها أمراض التكتل فى المانجو وماتحمله من آفات بداخله.

قبل الاوزون   بعد الاوزون

استخدام الاوزون على اشجار المانجو قضى على كل الامراض وفى الصورة اصابة بالبياض الدقيقى قبل وبعد الرش.

وتؤدى هذه المعاملة إلى:

1) توفير فى إستخدام المبيدات والمخازن اللازم لها
2) توفير فى العمالة المدربة على رش المبيدات
3) عدم الانتظار حتى إنتهاء فترة الامان قبل الحصاد لتلافى التأثيرالمتبقى للمبيد على الثمار
4) إجراء الرش لايتطلب إحتيطات آمان وملابس خاصة للرش
5) الامان فى التداول الامن للمحصول

تنقية مياه المزارع السمكية

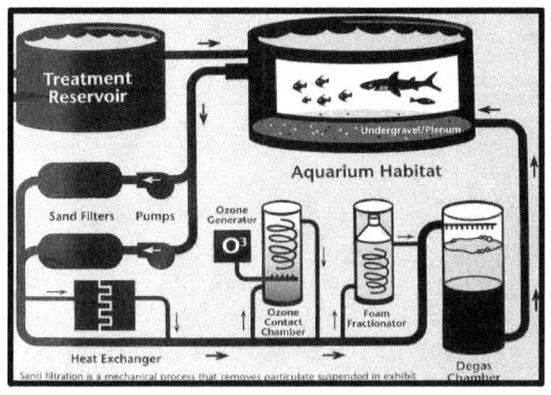

تنقية مياه المزارع السمكية من الفطريات والبكتريا والفيروسات عن طريق إستخدام الاوزون حيث تمرر المياه قبل دخولها إلى المزارع على أحواض المياه المعاملة بالأوزون لتصبح نقية تماما من أى مسببات مرضية.

وغاز الأوزون يؤكسد المواد العضوية من الاحواض قبل أن تتحول إلى طحالب وتسبب المشاكل التى تتطلب وقت ومجهود وله دور فى ازالة المواد العضوية والمبيدات الحشرية والاصباغ والامونيا والنتريت من ماء الاحواض بما يجعلها مياه معقمة.

ويفيد إستخدام الأوزون فى المزارع السمكية أو فى أحواض الاسماك.

1- استخدامه موفر اقتصاديا

2- يتحول إلى اكسجين بسرعة ولايترك أى مخلفات ضارة
3- يحسن من نظام الفلترة والترشيح المستخدم
4- يزيد من الاكسدة فى الماء
5- غير ملوث بيئيا

ويجب الحرص عند استخدام الأوزون من الرطوبة التى تعمل على خفض كفاءة الأوزون ويجب عدم إدخال الأوزون مباشرة فى الحوض بل يكون ببطء مع المراقبة للاسماك - الحوض سعة 100 لتر يعادل 5-15 جرام/ لتر/ساعة - للاستخدام التجارى يعادل 0.05 ملغ/لتر لتحقيق الاكسدة المطلوبة

بعد استخدام الاوزون   قبل استخدام الاوزون

حفظ الاسماك بالاوزون

تتعرض الاسماك إلى أنزيمات بكتيرية نشطة جدا، ولذلك فهى تتعرض للتلف السريع ولايمكن حفظها على درجة حرارة أعلى من التجميد لمدد طويلة، فيجب تداول المنتج تحت ظروف مشددة للمحافظة على التلوث الميكروبى عند أقل مستوى؛ .. ولذلك يجب تداول الاسماك بسرعة للاسباب الآتية :

1. البكتريا الموجودة فى الأسماك من النوع المحب للبرودة
2. الاسماك المصادة حديثا تبقى صالحة لما يقرب من 12 يوما إذا ثم حفظها فى الثلج (صفر 5م) واذا ذاب الثلج تصبح غير صالحة
3. تبقى الاسماك المصادة حديثا لمدة 4 أيام فقط إذا خزنت على درجة حرارة (58م) أو على درجة الثلاجة المنزلية
4. الاسماك المصادة حديثا وتم معاملتها بالأوزون فيمكن حفظها لمدة شهر بالتجميد

5. الاسماك جاهزة الهضم ولذلك فهى سريعة الفساد ولايتم تداولها إلا فى ظروف مبردة
6. أثناء صيد الأسماك تفقد الاسماك معظم جليكوجين العضلات ولايتبقى إلا جزء قليل منه وهو الذى يتحول إلى حامض لاكتييك والذى يعمل كمادة حافظة

ملحوظة : تشترط الاسواق الامريكية فى شرائح الاسماك الطازجة والمجمدة والمدخنة أن تكون معالجة بالأوزون

ثالثا: الاوزون وإستخداماته المنزلية

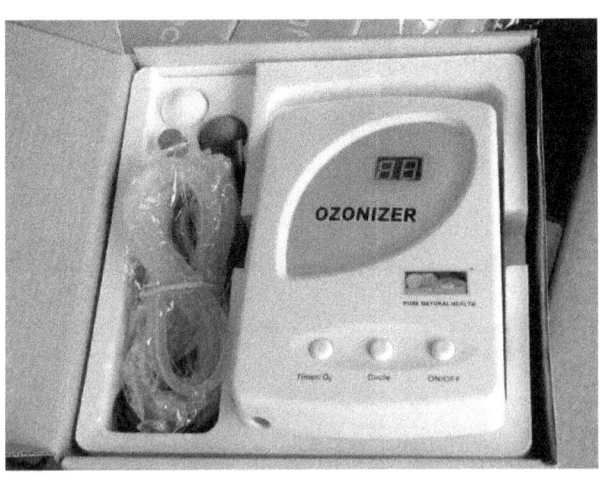

جهاز لانتاج الأوزون بالمنزل وملحقاته التى تشمل روموت وخراطيم من مادة السليكون

يتوافر بالاسواق أجهزة لتوليد الأوزون للاستخدامات المنزلية والمكاتب والفنادق وحتى السيارة، وأضافت بعض الشركات خاصية إنتاج الأيونات السالبة بجانب إنتاج الأوزون – ولكن ماهى الاستخدامات لهذا الجهاز داخل المنزل:

1) استعمال الماء المشبع بالأوزون فى غسيل الوجه يغذى البشرة وينشط بناء الخلايا ، كما أن غسيل الشعر يساعد فى التخلص من القشرة وتغذية الشعر

تعقيم الفاكهة والخضر بالماء المشبع بالأوزون ويستخدم أطباق من الزجاج وكذالك زجاجات ماء لتعقيم ماء الشرب

تعقيم ماء الشرب فى اوانى زجاجية

2) غسيل الاقدام بماء الأوزون للتخلص من الفطريات
3) مضمضة الاسنان بماء الأوزون يقضى على البكتريا والتسوس ورائحة الفم الكريهة
4) تعقيم مياه الشرب بالأوزون يساعدك فى شرب ماء نظيف خالى من الجواثيم والبكتريا والكلور

5) التخلص من الروائح فى المطبخ – حجرة النوم – الثلاجة – الحمام – رائحة السجائر
6) غسل الخضروات والفاكهة للتخلص من جميع الأفات والبكتريا ويمكن حفظها فى الثلاجة لوقت أطول بكثير كما يساعد فى التخلص من أى كيماويات على سطحها
7) تعقيم أدوات المائدة ولعب الاطفال وكل مايحتاج لتعقيم
8) تعقيم الملابس أثناء غسلها يزيد من نعومتها وبياضها
9) إستعماله فى أحواض اسماك الزينة يساعد الاسماك فى نشاطها ويقلل الفطريات
10) تعريض نباتات المنزل للاوزون يزيد من نضارته ونموه
11) تخفيض الاشعاعات الالكترومغناطيسية الصادرة من التليفون المحمول والاجهزة الكهربية
12) يتخلص من البكتريا والفيروسات المسببه للامراض المعديه بتعقيم الهواء فى مساحة حوالى 50 متر 2 فى حالة الجهاز الواحد
13) استخدامه فى حجرات نزلاء الفنادق لازالة التلوث وروائح النزلاء من الغرف قبل استقبال النزيل الجديد وللتخلص من رائحة السجائر وتعقيم الجو بالاوزون للوقاية من انتشار الامراض التى تنتقل بالعدوى

إستخدامات الاوزون فى المنزل

رابعا: الاوزون والطب

لقد كانت بداية التعرف على قدرة غاز الاوزون العاليه فى مجالات التعقيم وخصوصا للجروح – أثناء الحرب العالمية الأولى – عندما استخدمت مياه الامطار التى تم الحصول عليها فى قمه جبال الالب –ومعالجة جرحاهم بهذه المياه مما أدى إلى سرعة التئام الجروح بنسبة عالية جدا. وكان لهذه الظاهرة السبب فى بحث كثير من العلماء حتى توصلوا إلى أن مياه هذه الامطار تحتوى على نسبة كبيرة من غاز الأوزون وهى السبب فى سرعة التئام جروحهم. وقد حصل العالم الالمانى " أوونوف بورج" على جائزة نوبل لعام 1931 وعام 1944 عن أبحاثة فى الاستخدام العلاجى بالأوزون فى الطب.

العالم الالمانى بورج الحاصل على نوبل فى الطب مرتين 1931، 1944 – عن ابحاثة فى علاج السرطان بالأوزون

وقد اشارت ابحاثه فى مجال الطب ان هناك علاقة وثيقة بين نقص الاكسجين وحدوث المرض.

لقد تأكدت العلاقة الوثيقة بين قلة الاكسجين والامراض عامة بداية من الاحساس بالتعب الى اكثر الامراض فتكاً بالانسان، ولقد نال الطبيب اوتو فاربرج جائزة نوبل عامى 1931 و 1944 لاكتشافه سبب مرض السرطان، قال هذا الطبيب ان هناك سبب رئيسى واحد وراء السرطان وهو إحلال تنفس الاكسجين الطبيعى لخلايا الجسم بتنفس خلايا لاهوائيه. بمعنى ان خلية الجسم السليمة تقوم بتكسير الجلوكوز باستخدام الاوكسجين لانتاج الطاقة الازمة للقيام بالعمليات الحيوية المختلفة ولذا فهي تسمي خلايا هوائية وبمجرد أن ينخفض معدل الاكسجين المتاح للخلية تحت

60% عن الطبيعى تضطر الخلية الى اللجوء الى طريقة ادنى لانتاج الطاقة وهى ان تحول نفسها من خلية هوائية الي خلية لا هوائية حيث تقوم بانقسامات سريعة لكي تستطيع تكسير هذا الكم من الجلوكوز في ندرة او عدم وجود الاكسجين، ولا تستطيع الخلية بعد ذلك العودة الى نظام الاكسدة ثانية ونفقد بذلك السيطرة عليها تماماً، وتستمر فى انتاج نسخ من نفسها بصوره كبيره وهى الحاله التى نطلق عليها السرطان، وأوضح الدكتور فاربرج ان اى خلية تحرم من الاكسجين تتحول الى خلية سرطانية ولذا يجب قتل الخليه فوراً. وقد ذكر الدكتور فاربرج عام 1966 انه من غيرالمجدى الكشف عن مواد مسرطنه جديده لان نتيجة كل واحدة كانت مماثله وهى تجريد خلوى من الاكسجين، واكد ايضاً ان البحث الدائم عن مواد مسرطنة جديدة كان غيرمثمر لانه حجب السبب الرئيسى وهو نقص الاكسجين فحسب.

كما اشارت الابحاث ان صحة الجسم تعتمد على وجود دم صحى ونقى حيث تعتمد خلايا الجسم واعضائه المختلفة على الدم الحيوى من اجل التخلص من الفضلات ولكن عندما يحدث خلل فى هذه السوائل الحيوية يبدا النظام فى انحلال عام وتحدث تغييرات كثيرة تؤثر على هذه المنظومة.

الاكسجين وأهميته لجسم الانسان

يعتبر الاوكسجين أكثر العناصر الجوهرية المطلوبة لحياة الانسان وهو الطريق الي صحة جيدة حيث إننا نستطيع العيش بدون ماء لمدة أسبوع وبدون طعام لمدة شهر ولكننا لا نستطيع أن نتجاوز دقائق معدودة بدون أوكسجين فهو هبه الحياه بل وقوامها وتتطلب جميع انشطة الجسم وجود الاوكسجين بوفرة، ويستطيع الجسم من خلال عملية الاكسدة أن يولد الحرارة والطاقة من الغذاء (الجلوكوز) ويتخلص من الفضلات والنفايات.

يمثل الماء ثلثي أجسامنا، ويشكل الدم 10% من هذا الماء أما 90% الباقية فهي عبارة عن السائل الليمفي. وبما أن الماء الموجود في اجسامنا هو 8/9 أوكسجين بالوزن فاننا بذلك نحتوى على اكثر من 50% أوكسجين, والطريقة المثلي للمحافظة علي الصحة هي أكسجة كل خلية في أجسامنا وكلما زادت كمية الاوكسجين التي تتلقاها أجسامنا كلما زادت الطاقة التي تنتجها وهذا ايضأ يجعلنا قادرين علي التخلص من الفضلات بكفاءة أعلي، وتعتمد الصحة الجيدة علي انتاج الطاقة الناتجة من أكسدة السكر حيث ان هذه الآكسدة أمر ضروري للاحتراق والدورة

الدموية والتنفس و الهضم و التمثيل الغذائي وكذا التخلص من الفضلات ونفايات الجسم.

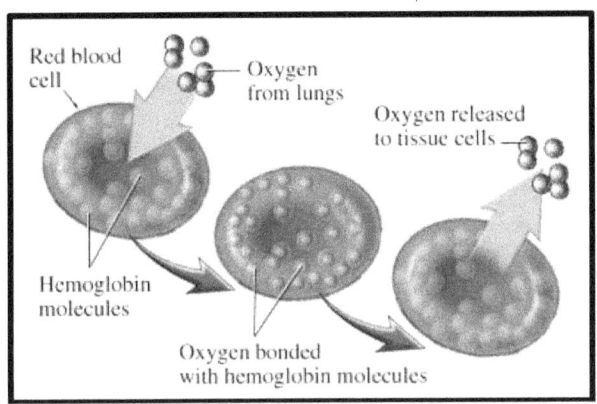

عملية تحميل وتفريغ الاكسجين القادم من الرئة على الهيموجلوبين لتوزيعه على خلايا الجسم

ويقوم الاوكسجين ايضاً بتنقية الدم ويخلصه من الفضلات الخلوية، ولهذا فإن الاوكسجين الكافي يجعل الجسم قادراً علي اعادة بناء نفسه ويحافظ علي جهازه المناعي مما يجعله قادراً علي مقاومة الامراض والتمتع بصحة جيدة . وفي هذا المجال لابد ان نذكر ان الخلايا الصحية في جسم الانسان تحتاج بوفرة الي السكر والاحماض الامينية والمعادن والهرمونات والانزيمات والاوكسجين.

إن مفهوم التنفس هو جعل الاكسجين الجوي في علاقة وثيقة مع هيموجلوبين الدم والسماح بتبادل الاكسجين مع ثاني أكسيد الكربون وبالتالي إنهاء هذا الانتاج من الاكسدة مع المنتجات

الاخرى بكميات دقيقة، وخلال عملية التنفس تتعرض الفضلات الي عملية الاكسدة ويتم احتراقها منتجة بذلك حرارة الجسم، وبالنسبة للكائن الحي يتم توليد الحرارة من خلال التأثير الكيميائي للاكسجين علي الكربون, فعندما يتلقي الدم الاكسجين بالقدر الكافي ليتحد مع الكربون يتكون بذلك ثاني أكسيد الكربون والذي يتم التخلص منه عن طريق الزفير, وبهذا تكون عملية الاكسدة كاملة وتصبح حرارة الجسم طبيعية وتؤدي الاعضاء وظائفها بصورة مناسبة ويصبح النظام في حالة مناسبة لمقاومة الامراض المختلفة.

علي الجانب الاخر عندما لا تتوافر الكمية المناسبة من الاكسجين التي يتلقاها الدم يصبح احتراق الكربون غير كاملا مما ينتج عنه أول أكسيد الكربون بتأثيره السام ويصبح النظام ضعيفا، ويعتبر أول أكسيد الكربون مهيجاً للجهاز العصبي كما كما انه يقوم بنزع الاكسجين الموجود في الخلايا المختلفة ويتحد معها مكوناً بذلك ثاني أكسيد الكربون وهذا ايضاً يقلل من نسبة الاكسجين في الخلايا ويتدخل ايضاً في وظائف الاعضاء وتقل درجة حرارة الجسم عن المعدل الطبيعي مما يعوق النظام في مقاومته للبكتريا المختلفة والفيروسات, والنتيجة النهائية هي اصابة الجسم بالمرض.

وتشير درجات الحرارة الاقل من الطبيعي الي قلة الاكسجين في الجسم ويظهر لدى الشخص الذي يعاني من قلة الاكسجين مجموعة من الاعراض وهي: صداع بالرأس، ألم بالظهر، أرق، دوار واعياء، إمساك، أنيميا، إضطربات معدية ومعوية.

وتؤدى قلة الاكسجين الي مجموعة هائلة من الاضطرابات التي ستزداد سوءاً وتصبح بمرور الوقت مزمنة، وقد أدرك العلماء منذ وقت طويل الصفات المؤكسدة والمطهرة لبيروكسيد الهيدروجين وإن قدراته العلاجية واضحة الان لما له من تأثير علاجي عظيم حيث وجد أنه يقضي تماما علي أي بكتريا او فيروسات ضارة دون اللجوء الي التعقيم الذي يدمر الانزيمات المفيدة.

كيفية عمل الاوزون داخل جسم الانسان

إعترفت العديد من الدول الأوربية واليابان والولايات المتحدة وكثير من الدول العربية ومنها مصر بالأوزون كوسيلة علاجية، ويوجد بمصر الآن وحدات للعلاج بالأوزون فى جامعات الازهر بالقاهرة وأسيوط والمنوفية ومستشفيات القوات المسلحة والعديد من رسائل الدكتوراه فى العلاج بالاوزون.

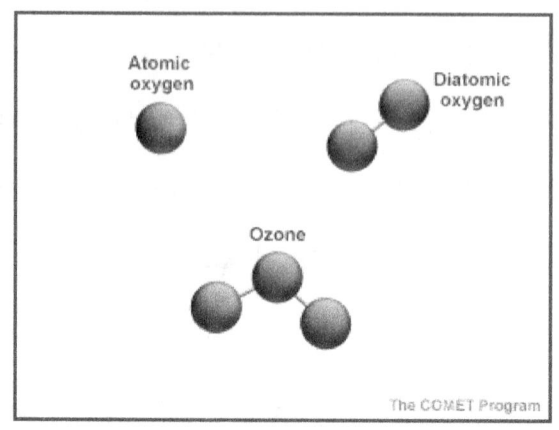

الاوزون ثلاثى ذرات الاكسجين وبدخوله للجسم يتحول الى اكسجين وتنفرد الذرة الثالثة لها قدرة عالية على الاكسدة للميكروبات والفيروسات

والأوزون هو اكسجين ثلاثى الذرة وبدخولة لجسم الانسان يتحول بسرعة إلى اكسجين ثنائى الذرة وتنفرد الذرة الثالثة المنفردة والتى لها قدرة عالية على الاكسدة. وعندما تقابل خلية طبيعية يحتوى جدارها على الانزيمات المضادة للاكسدة فهى تتبعها لزيادة تركيز هذه الانزيمات وتعمل على زيادة حمايتها. أما اذا وصلت إلى الفيروسات والميكروبات والفطريات والطفيليات والخلايا السرطانية حيث أن جدارها لايحتوى على مضادات للاكسدة لتحميها، فتتعرض لاكسدة الأوزون (ذرة الاكسجين الحرة) فتدمر جدارها بسهولة وتخترقها أى أن الأوزون يعمل على تثبيط فاعلية الفيروسات والخلايا السرطانية والفطريات والبكتريا وفى نفس الوقت

ينشط خلايا الجسم الطبيعية بزيادة نسبة الاكجسين للخلايا لانطلاق الطاقة اللازمة لاداء الوظائف الحيوية بصورة كاملة.

ويمكن تلخيص دور الأوزون فى جسم الانسان فى الآتى:

1. قتل الفيروسات حيث يعمل على تحلل الغلاف الدهنى للفيرس
2. تحفيز إنتاج كرات الدم البيضاء
3. زيادة قدرة الهيموجلوبين على توصيل الاكسجين للخلايا
4. زيادة الاكسجين تعمل على اكسدة الخلايا السرطانية وموتها (حيث يساعد فى تكوينها قلة الاكسجين)
5. 5-زيادة قدرة الانزيمات المضادة للاكسدة مما يساعد على سرعة التخلص من الجزور الكيميائية الحرة الناتجة من التفاعلات داخل الجسم.
6. زيادة نسبة الاكجسين داخل أنسجة الجسم
7. زيادة الطاقة داخل الجسم مما يزيد من سرعة العمليات الحيوية.

ماهى الامراض التى تتأثر بالأوزون؟

1) أمراض القلب والجهاز الدورى وكل مايتعلق بأمراض الجهاز الدورى

2) امراض الجهاز التنفسى
3) الامراض المعدية –مثل الايدز والتهاب الكبد الفيروسى والهربس
4) اضطرابات الجهاز المناعى – مثل التهاب المفاصل الروماتزمى
5) الزهايمر – وسرطان الدم والغد اللمفاوية
6) عمليات التجميل فى الوجه أو الجلد عن طريق حقن الأوزون تحت الجلد لاضافة كمية من الاكسجين تساعد على فرد وشد الجلد وحرق الشحوم الزائدة عن طريق انتظام الدورة الدموية: كما يستخدم الأوزون فى الحفاظ على حيوية ونعومة الجلد ونجح فى التخلص من تجاعيد الوجه والبقع السوداء
7) يدخل فى صناعة الادوية مثل الكورتوزون أو مياه الحقن
8) الحروق الحديثة بشرط أن يتم العلاج مباشرة
9) وذلك بالنسبة لحالات الدرجة الاولى والثانية ويستغرق العلاج بالأوزون أياما قليلة بالمقارنة بالطرق التقليدية، بدون ترك أى تشوهات أو أثار جانبيه بعد العلاج
10) مرض البول السكرى – قرح السكر: يساعد الاوزون على نشاط غدة البنكرياس وبالتالى انقاص الجرعات الدوائية

وأحيانا يمكن الاستغناء عن الدواء لبعض الحالات (يحددها الطبيب المتخصص المعالج) كما يساعد فى التئام جروح مرضى البول السكرى وحالات الغرغرينا الناتجة عن التلوث و بالتالى تفادى حالات البتر.

إستنشاق الأوزون

من المعروف أن إستنشاق الأوزون المباشر هو الحالة الوحيدة التى يحذر منها، لانه غاز سام شديد الخطورة على الرئتين حيث يؤدى إلى تدمير الشعب الهوائية.

إستخدامه طبيا يكون بأقل كمية بعد إضافة الاكسجين، ويتم استنشاقه لفترة وجيزة جدا فى حالة خاصة وهى عند التسمم باستنشاق أول اكسيد الكربون.

العلاج التماثلى

وهى من أوسع الطرق إنتشارا فى الطب الآن، حيث يتم سحب كمية من دم المريض باستخدام محقن خاص ثم تخلط هذه الكمية (حسب الحالة) بالأوزون والاكسجين – ثم يعاد دفعها فى جسم المريض باحدى الطرق الآتية:

1- دفعها فى العضل – لامراض الحساسية كالربو الشعبى

2- دفعها فى الدم - (الوريد) لامراض الهربس والتهابات المفاصل والقلب والسرطانات والايدز.

تنبيه

لا ينبغى إعتبار هذه المعالجات دروسا أو شرحا لاستخدام الافراد، ولايجوز تطبيقها إلا عن طريق طبيب متخصص وخبرة فى هذا المجال

موانع استخدام الاوزون

1- زيادة إفراز الغدد الدرقية

2- مرض أنيميا الفول

وسائل استخدام الاوزون فى الطب

الحقن المباشر فى الوريد أو الشريان .. أو العلاج العضوى

ويختلف تركيز الأوزون العلاجى باختلاف المرض المعالج ويستخدم فى ذلك العلاج محقن زجاجى معقم ويستخدام لمرة

واحدة، وأغلب العيادات العالمية تستخدم هذه الاسلوب والذى يستخدم فى علاج العديد من الامراض مثل:

- اضطرابات الدورة الدموية
- التهاب الكبد الوبائى
- أمراض الحساسية
- أمراض الروماتيزم والتهاب المفاصل
- علاج داعم مع العلاج الاساسى للسرطان للتخفيف من آثار العلاج الكيميائى وآثاره الجانبية وتحفيز المناعة
- الاصابات العضوية – الفيروسية والفطرية والبكتيرية والالتهابات

الحقن الشرجى

من خلال المستقيم ليمتص من خلال جدار الامعاء، وتحقن الكمية المحددة التى تخلط بالاكسجين بنسب معينة تدريجيا .. وتصلح فى علاج:

- أمراض التهاب القولون التقرحى
- التهاب الكبد الوبائى (C,B,A)
- أمراض الحساسية
- علاج داعم مع العلاج الاساسى للسرطان

- الامراض المحفزة للجهاز المناعى
- أمراض اللوز

الحقن المهبلى

وهى من العلاجات الناجحة فى عيادات العلاج بالأوزون والتى تصلح للعديد من الامراض:

أ. العقم للقضاء على مسببات العقم بالرحم (علاج التهابات البويضات)
ب. الافرازات المهبلية وهى غالبا فطرية
ج. التهابات المهبل
د. الامراض المهبلية المزمنة

العلاج الموضعى

ويستخدم الاوزون فى علاج التقرحات الجلدية الخارجية يتركيزات قليلة لحالات مثل:

- قرحة الساق
- غرغرينة السكرى
- قرحة الفراش
- إبادة الفطريات و الميكروبات (تطهير) وتعقيم الجروح

- يحفز عامل النمو مناعيا ..
- الجروح بطيئة الإلتئام
- بالونة الاوزون أو الساونا بالأوزون – حيث يدفع الأوزون المخلوط بالهواء حول العضو المصاب (حروق – دوالى – التهابات قرحة – غرغرينا (التى تحدث بعد الاصابة بمرض السكرى) حيث يمتص عن طريق الجلد خلال فترة التعرض التى تتراوح بين 10-20 دقيقة

ملحوظة: يستخدم حقيبة أوكيس ساونا حول العضو ويتم دفع الغاز داخلها لفترة زمنية مع تكرار التعريض (حوالى 10 دقائق)

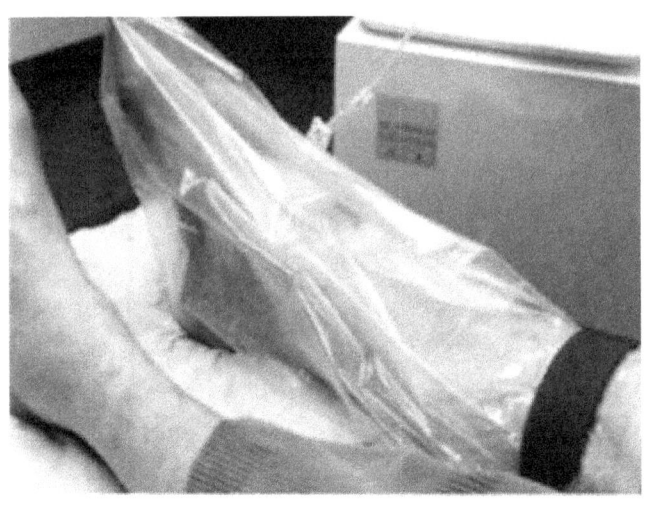

استخدام كيس حول القدم المصابة بالسكرى ودفع الاوزون داخل الكيس مع احكام غلقه يؤدى الى شفاء القرحة خلال 3 الى 4 جلسات وكل جلسة حوالى 15 دقيقة

الحقن العضلى – بالأوزون

وغالبا ما يستخدم فى علاج بعض أنواع السرطان

ماء الاوزون "بيروكسيد الهيدروجين"

من المعروف أن غاز الأوزون أثقل من الهواء، وهذا ما يجعله يبدأ فى الهبوط نحو الارض، ولانه مركب غير مستقر فإنه ينفصل

إلى غاز الاكسجين وذرة إوكسجين حرة تستطيع الالتصاق بجزئية الملوثات وتؤكسدها لأن الأوزون مؤكسد قوي جدا، وعندما يقابل الأوزون أثناء نزوله بخار الماء فيكون ماء الاكسجين (بيروكسيد الهيدروجين) أو ماء الاوزون وحيث أنه مؤكسد قوى ونشط كيميائيا مثل الأوزون فإنه يتفاعل مع أى تلوثات عالقة فى الجو ويؤكسدها بذرة الاكسجين الحرة ويعتبر ماء الأوزون الناتج من أقوى المواد الطبيعية للتخلص من الجراثيم والفيروسات والطفيليات فهو يستطيع اكسدة الفضلات الملوثة للجو وتنقية الهواء الجوى الذى نتنفسة ..

لاى ولذلك يعتبر ماء المطر ماءا طاهرا مطهرا لانه مؤكسد قوى جدا ملوثات وصدق الله العظيم - "وينزل عليكم من السماء ماء ليطهركم به"؛ الانفال، آيه 11؛ "أنزلنا من السماء ماء طهورا"؛ الفرقان، آيه 48.

وقال ﷺ "مطرنا برحمة الله وبرزق الله وبفضل الله".

وماء الاوزون او بيروكسيد الهيدروجين ليس بغريب على الانسان، فمعظمنا تناوله بعد فترة قليلة من الولادة من حليب الام، وخاصة الحليب الاول او السرسوب الذى يحتوى على كميات هائلة منه، حيث ان من اهم وظائفه هو تحفز وتنشيط جهاز المناعة. ولهذا يجب استعماله يوميا للانسان السليم قبل المريض

للحفاظ على الصحة والقضاء على اى مرض ,لاننا مازلنا نعيش فى هذا التلوث البيئى والنقص الشديد فى الاكسجين الجوى.

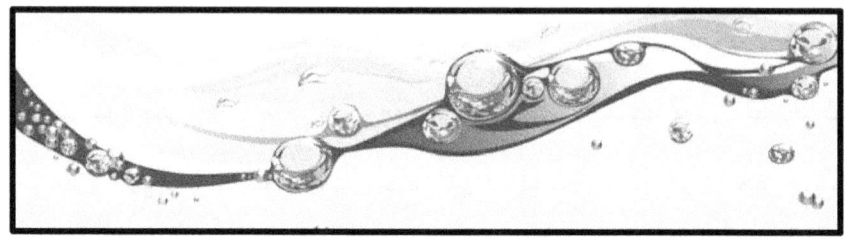

وماء الاوزون الذى يحتوى على جزيئات ماء وذرات من الاكسجين الاضافية وعندما يتصل بالفيروس او البكتريا او اى دخيل يسبب الامراض المختلفة، فان ذرة الاكسجين الزائدة تقوم بقتل الجراثيم بالاكسدة والتى تؤكسد ايضا السموم الموجودة فى الجسم؛ وكنتيجة طبيعية لتخلص الجسم من هذه السموم والجراثيم (كما يشير اخصائ العلاج بالاوزون).

يحدث ما يسمى "بأزمة الُشفاء" فقط لبعض الناس. ولذا، قَدْ تواجهُ واحدا أَو بعضاً مِنْ الأعراضِ التاليةِ:

تهيج جلدِ، إعياء، إسهال، برودة، اعراض تشبه الانفلونزا، ظهور بعض البثور, تهيج فى الاذن وهذه عملياتَ تَطهير طبيعيةِ، وتتراوح المدّةِ من 3 الى 5 ايامِ,

فلا تستسلمْ ولكن بإمكانك انقاص الجرعةِ الى اليوم السابق وواصلُ البرنامجَ بانتظام. هناك مِئات المقالاتِ المَنْشُورةِ ضدّ إستعمالِ بيروكسيدِ الهيدروجينِ كعلاجّ لأن عمليةِ التَطهير هذه

أسأتْ الفهم، وتذكر ان هذا هو السعرُ الازم لتحسّنِ صحتِكَ الثمينةِ وشفائك العاجل ان شاء الله, فلا تَكُنْ قلقا منها بالأحرى، كن ممتنَ لها.

يعتبر بيروكسيد الهيدروجينِ أو ماء الاوزون أحد المعجزات الشفائية البسيطة. وإستعمالاته الامنة والمتعدّدة يصنّفانِه بأنه الاقوى والاشرس فى محاربة كل الامراض حتى اشدها خطراً على الانسان، وتاريخه الشفائى يثبت انه فوق اى دواء

ينصح اخصائى العلاج بماء الاوزون بالاتى:

يؤخذ العلاج باستعمال ماء مقطر, وقبل الاكل بساعة اوبعد الاكل بعدة ساعات، فان تناولة على معدة خاوية افضل ، لان وجود الغذاء بالمعدة مع البكتريا يتفاعلا معا ويسبب زيادة فى الرغاوى وعسر هضم

الاوزون فى مصر

وافقت اللجنة العليا للرقابة بتاريخ 1999/12/6 على استخدام الاوزون كوسيلة علاجية مساعدة فى مصر كما وافقت على استيراد اجهزة الاوزون

يشير الدكتور ويليا تورشكا (Tarska) 1951 فى مقاله عن اكسدة الأوزون – متحدثا عن دور ماء الأوزون فى الجسم :

1- قدرة على إبطال فاعلية البكتريا و الفيروسات و الفطريات و الخمائر والخلايا الأولية

- بالنسبة للبكتريا فيعمل على تدمير الجدار الخلوى للبكتريا وكذلك السيطرة ووقف العمليات الحيوية الإنزيمية الداخلية لها

- بالنسبة للفيروسات: فهى كائنات غير خلوية , فيعمل ماء الأوزون على الانتشار من خلال الغلاف البروتينى حتى يصل إلى نواة الحمض الأمينى فيؤكسدها ولا يبقى لها آثار أو بقايا ضارة

2- يؤدى إلى تقوية الدورة الدموية بالتخلص من أى تجلط دموى فتستعيد الخلية مرونتها ويسهل إمتصاصها للاوكسجين و يعمل بيروكسيد الهيدروجين على أكسدة أى رواسب فى جدار الشرايين مما يسمح بالتخلص من النواتج الثانوية للتفاعلات

3- زيادة الاكسجين بالجسم مما يجعله قادرا على إعادة بناء نفسه ويحافظ على جهازه المناعى مما يجعله قادرا على مقاومة المرض والتمتع بصحه جيدة

وقد حدد الدكتور ويليام أن الماء المعامل بالأوزون (الماء المقطر) يمكن أن يساعد فى شفاء أكثر من 100 حالة مرضية أهمها الايدز والسرطان وفيرس (س) ومن هذه الامراض:

أهم الامراض التى يساعد ماء الاوزون فى شفائها

- تقوية المناعة العامة فى جميع أجزاء الجسم

- تطهير جميع الجروح السطحية فور حدوثها والجروح الملوثة والمكشوفة
- الكدمات والالتهابات والرضوض والاديما والحروق
- التهاب المعدة
- التقرحات التى بالفم واللثة والتسوس السنى بشكل خاص
- يقضى على أى عوامل متعلقة بالحساسية والتى تساهم فى ضعف الجهاز المناعى
- علاج لامراض المهبل الفطرية
- يقضى أى ملوثات بكتيرية و فيروسية فى الدم
- أمراض القولون و القرحة ..

تحضير ماء الاوزون

جهاز صغير يولد الأوزون ومن خلال خرطوم خاص (من السيلكون) يوضع في الماء في دورق زجاج حتى لا يتفاعل مع الأوزون

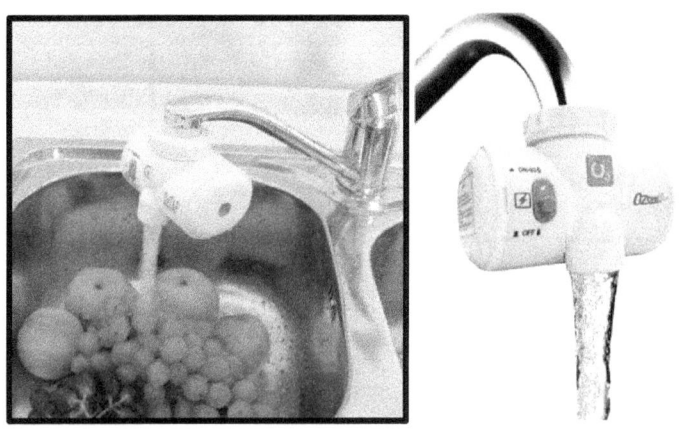

مولد أوزون يتم تثبيته على فوهه صنبور المياه للحصول على ماء الأوزون

- يمرر غاز الأوزون في دورق من الزجاج مملوء بالماء لعدة دقائق حسب الغرض الذى يستخدم من أجله الماء الناتج أو حسب الجهاز .
- يستخدم الماء بعد تشبعة بالأوزون في خلال فترة وجيزة في درجة حرارة الغرفة (غسل الخضروات والفاكهة – غسيل الوجه – مضمضة للاسنان – تعقيم مياة الشرب – تعقيم الملابس ...)
- يمكن حفظ ماء الشرب في الثلاجة مباشرة لمدة 24 ساعة ..
- أو حفظة مجمد بالفريزر لعدة أشهر

كوب من الماء على اليسار قبل إستعمال الأوزون و على اليمين بعد إستعمال الاوزون

كيف تستفيد من ماء الأوزون فى التداوى

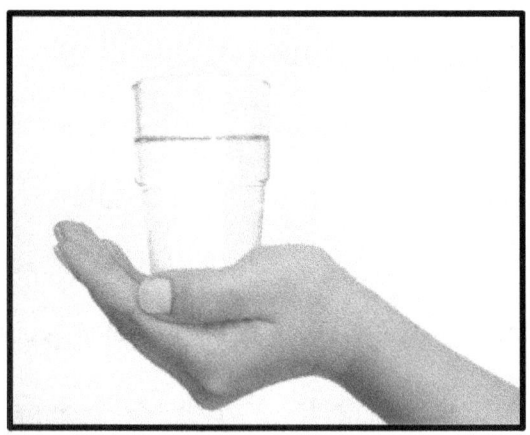

الأكسجين هو الاداة المثلى لصحة كاملة والاوزون هو الصورة المثلى للحصول على الاكسجين لجسمك

- خلط كمية من ماء الأوزون حوالى 3% إلى كوب ماء مقطر و يشرب على معدة فارغة – ساعة قبل الطعام أو 4 ساعات بعد الطعام
- شرب عدد من 6-8 كوب ماء أوزون يوميا لتفى باحتياجات جسمك اليومية من الاكسجين اللازم للنجاح فى المحافظة على كامل صحتك – وتخلص جسمك من النواتج الثانوية الضارة وحماية الخلايا السليمة .

إستخدام ماء الاوزون فى الحفاظ على صحتك

1) غسل الخضروات والفاكهة والاسماك واللحوم والدواجن بماء الأوزون تخلصك تماما من الجراثيم والبكتريا والفطريات، والأهم تخلصها من الكيماويات التى تتواجد بداخلها أو على أسطحها كما تعطيها عمرا أطول وطعما شهيا .

2) تعقيم كل ما يحتاج للتعقيم . مجرد وضع أدوات المائدة أو مستلزمات طفلك أو لعبه فى ماء الأوزون يجعلها خاليه تماما من الجراثيم و البكتريا التى تتواجد بالجو المحيط

3) التخلص من أى فطريات فى القدم والتى تسبب رائحة بغسل القدم بماء الأوزون

4) غسيل الوجه بماء الأوزون يزيل آثار مستحضرات التجميل ويغذى البشرة بالاكسجين وينشط ويعجل ببناء الخلايا – ويؤدى غسيل الشعر بماء الأوزون إلى التخلص من القشرة ويغذى الشعر

5) المضمضة بماء الأوزون – يقضى تماما على البكتريا التى تسبب تسوس الاسنان ورائحة الفم الكريهه

6) شرب ماء الأوزون الصحى الخالى من أى جراثيم وأى كيماويات مثل الكلور وإستعماله فى عمل المشروبات للحصل على نكهة مختلفه وصحية.

7) شطف الاسطح فى المطبخ بماء الأوزون لقتل أى بكتريا أو فيروسات المسببه للمرض وخاصة لوحة تقطيع اللحوم والخضر ..

ومن المعروف أن تشبع الماء بالأزوزن لا ينتج عنه أى تفاعلات أو أى نواتج كيميائية و لكن يزداد تشبعة بالاكسجين ولا يترك أى طعم أو رائحة ولا يؤذى العين وليس له أى تأثير ضار على الجلد أو الشعر ..

إنه يعيده إلى طبيعته كماء الامطار ..

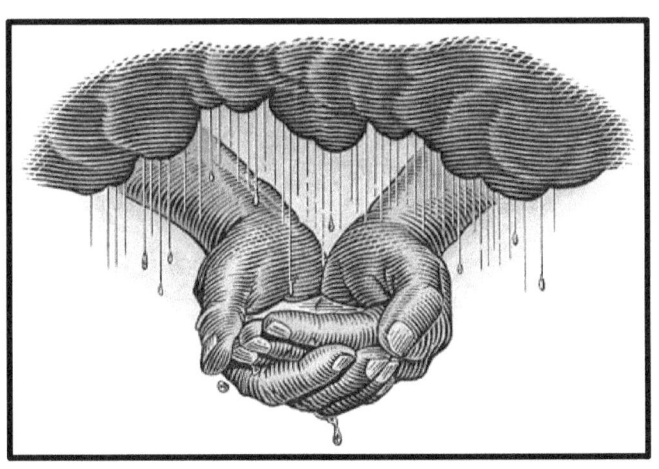

الخلاصة

يعمل الاوزون على:

- إبطال فاعلية البكتريا والفيروسات والفطريات والخمائر والخلايا الاولية .
- تقوية الدورة الدموية.
- تحسين التمثيل الاوكسجيني.
- تكوين إنزيم البيرواكسيداز .
- انحلال الاورام الخبيثة .

وإجمالا ممكن القول أن الأوزون يتعامل مع خلايا الجسم الطبيعية حيث ينشطها وذلك بزيادة نسبة الأكسجين المتاحة لها إلى الوضع الأمثل وزيادة طاقتها عن طريق أكسدة المادة الغذائية. وعلى الجانب الآخر فان غاز الأوزون يتعامل مع الخلايا الغير طبيعية.

إستخدام زيت الزيتون المشبع بالأوزون

عبوات زيت الأوزون التى تباع فى الاسواق

عند إمرار غاز الأوزون فى زيت زيتون بتركيز عالى ولعدة أسابيع حتى يصير الزيت هلاميا ويحتفظ بغاز الأوزون، يمكن حفظه على هذه الصور لمدة سنوات مبردا .. و يستعمل زيت الأوزون أو زيت الزيتون المشبع بالأوزون فى الطب على عدة صور :

1- موضعيا على الجلد

للجروح والخدوش والطفح الجلدى – علاج الاكزيما والطفح الجلدى – لدغ الحشرات – الفطريات وحب الشباب – التجاعيد وحروق الشمس – قرحة الفراش .. ويعمل الزيت الآتى:

أ- تقوية الجدار الخارجى للخلية وتقوية الجهاز المناعى للجسم لحماية الخلية

ب- يعيد تكوين خلايا جديدة قد تكون تكونها بطىء ..

ج- إزالة الخلايا التالفة بفعل الاكسجين الناشط ..

2- فى تبيض الاسنان وإزالة الترسبات

باستخدام خاصية الاكسدة القوية التى تؤكسد أى ترسبات قد أفقدت الاسنان لونها الطبيعى – فتدلك الاسنان بالزيت عدة مرات.

3- المساج

عمل المساج بالزيت مع زيوت أخرى (حسب رأى الطبيب المعالج) يعمل على تغلغل الأوزون داخل الجلد ويعمل على اكسدة

حامض اللاكتيك أو أى مواد غريبة سامة موجودة فى خلايا الجلد وبذلك يزيل الالتهابات والآلام.

تطبيقات ناجحة للعلاج بالأوزون

علاج الاسنان

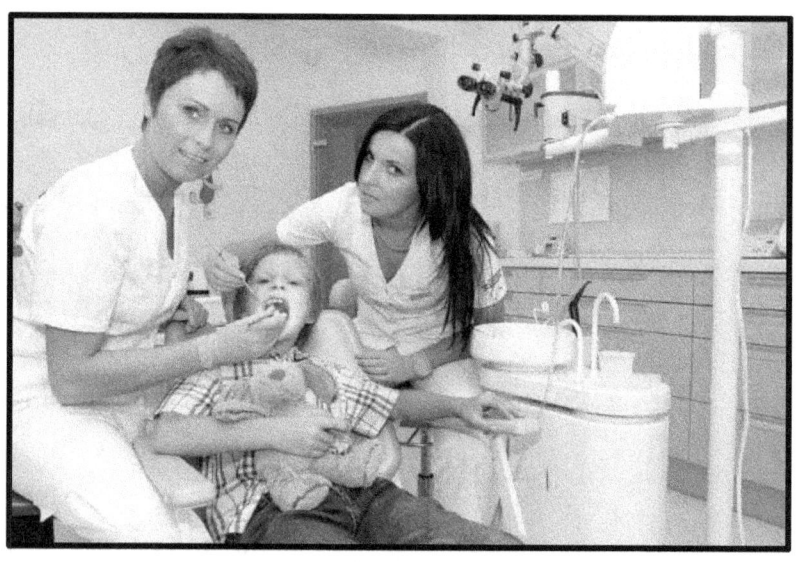

العلاج بالأوزون فى عيادات الاسنان- حافظ على الابتسامة نتيجة للتخلص من إزعاج آلة النخر و خاصة للاطفال

1- الأوزون وعلاج تسوس الاسنان

تسوس الاسنان هو أحد الامراض الشائعة فى العالم، حيث أن فم الانسان عبارة عن بؤرة لتواجد العديد من الكائنات الحية المجهرية التى تعمل على بقايا السكريات والنشويات وتتفاعل مع البكتريا الموجودة لتعطى أحماضا تعمل على تحطيم صلابة مينا الاسنان مما يؤدى إلى نخرها حتى تصل للجزر – وتظل هذه الكائنات الحية تعمل على الاسنان لسنوات عديدة وبدون الاحساس بأى أعراض حتى تصل إلى مرحلة متقدمة من التسوس و يظهر الألم – وعند ذلك لا بد من إزالة الانسجة المصابة ميكانيكيا.

ومن المهم الكشف عن تسوس الاسنان فى مرحلة مبكرة لانه يعطى امكانية التعامل معها بطريقة بسيطة وغير مؤلمة ومزعجة بآلات الحفر وخاصة مع الاطفال – ثم التعامل معه باستخدام تقنية الاوزون وقدرته على الاكسدة مما يزيل البكتريا المسببه للتسوس ..

ويستخدم فى ذلك غطاء من السيليكون على الاسنان المصابة لعزلها تماما ويتصل به أنبوب الأوزون، بحيث يتم دفع غاز الأوزون مباشرة للاسنان على أربع جرعات لمدة 10 ثوان للجرعة الواحدة – وهذه المعاملة تكون كافية للقضاء على 99.9% من البكتريا .. أى أن المعاملة بالأوزون تحقق الآتى:

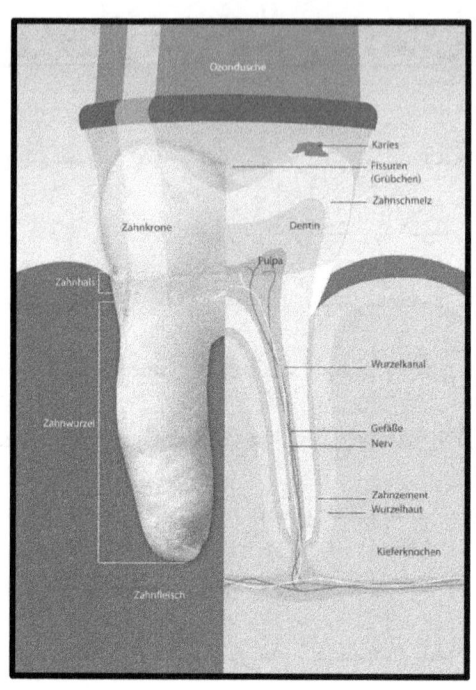

استخدام غطاء من السيليكون على الاسنان المصابة لعزلها تماما ويتصل مباشرة بانبوب الاوزون

1- تطهير المنطقة بالكامل من البكتريا
2- تعزيز المناعة لتوفير الاكسجين الكافى وتهيئة سطح السن للبدء فى عملية الترميم الطبيعية وذلك بمساعدة لعاب الشخص المشبع بالكالسيوم ومركبات الفوسفات على غلق الثقوب التى أحدثتها البكتريا ..

المصدر: www.Biosure ozone . com

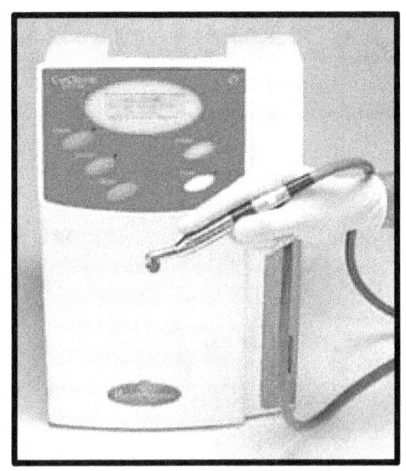

جهاز الاوزون المستخدم فى عيادات الاسنان

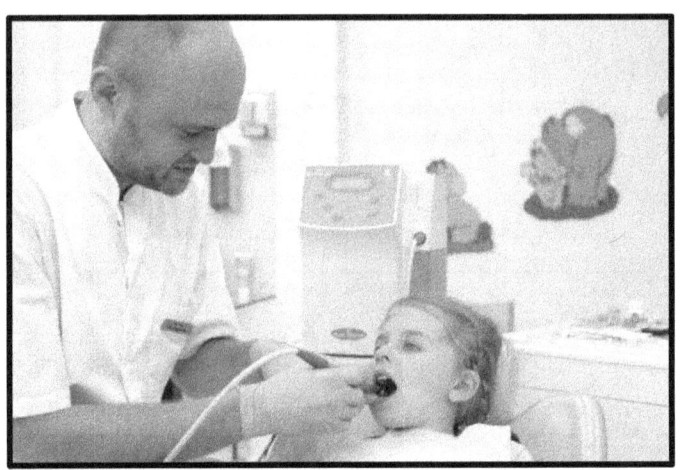

طفل يعالج بالاوزون وبدون الم

2 – استخدام الاوزون لعلاج التقرحات والالتهابات

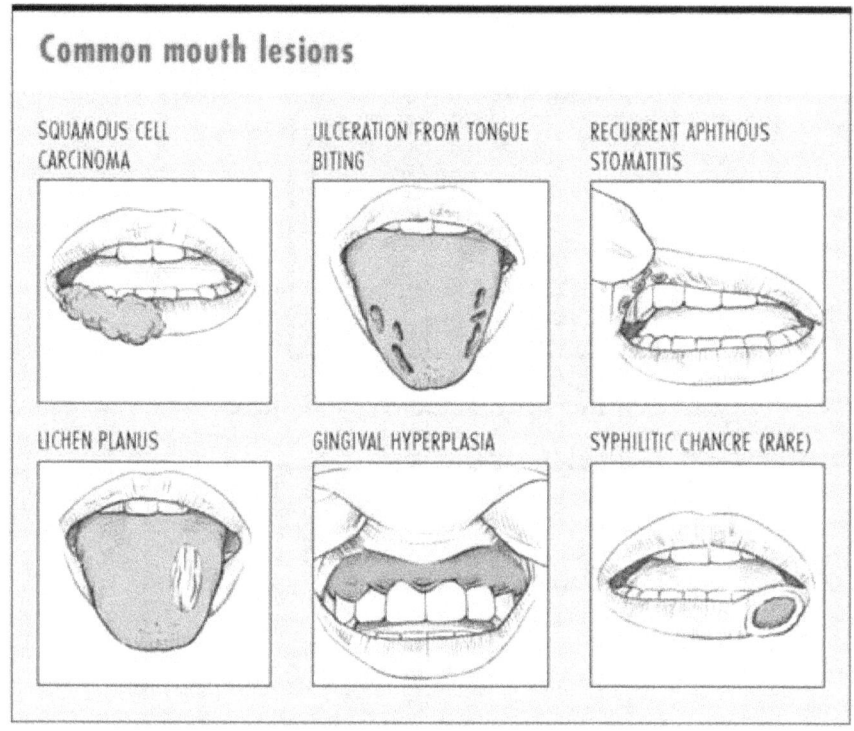

أشكال مختلفة من القرح التى يتم علاجها بالأوزون وتركيباته

تظهر العديد من القرح فى الغشاء المخاطى المحيط بتجويف الفم وتظهر على شكل إنتفاخات أو بثرات على الغشاء وقد تكون التهابات بكتيرية أو فيروسية أو بيئية وهى تسبب آلاما حادة للمريض.

ويتم علاج هذه الحالات فى عيادات الاسنان المجهزه لهذا الغرض باستخدام الاوزون وتعريض هذه الالتهابات لغاز الأوزون

40 ثانية، مما يساعد فى القضاء على المسبب بنسبة كبيرة جدا وثم شفائها فى خلال ثلاثة أيام.

وقد تحسنت قروح الفم المتكررة فى الاطفال والتى لم تستجيب للعلاج التقليدى لفترات طويلة، باعطاء الاطفال الأوزون بتركيزات معينة وباستخدام قسطرة رفيعة ولمدة معينة عن طريق فتحة الشرج، مع استخدام زيت الأوزون فى نفس الوقت لعلاج القروح، حيث لا يترك أثر مكانها ..

3-علاج التهاب ما بعد خلع الاسنان

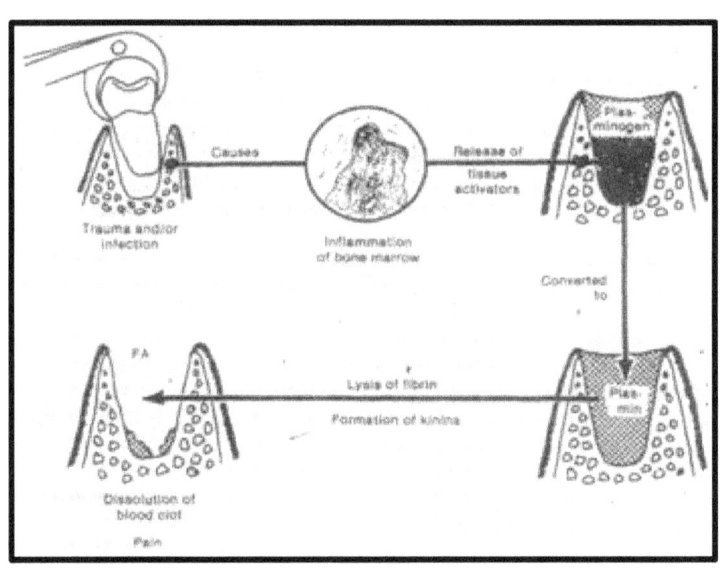

طريقة كشط مكان خلع الاسنان قبل معاملتها بالأوزون

عادة ما يحدث التهابات بعد خلع السن أو ما بعد عملية جراحية، ويتطلب العلاج ضرورة كشط مكان الاصابة والتجويف، ثم يتم إستخدام الأوزون فى القضاء على البكتريا بتعريض هذه المنطقة للاوزون لمدة حوالى 50 ثانية.

ويؤدى العلاج إلى تطهير المنطقة بالكامل مع تعزيز المناعة لتوافر الاكسجين و بالتالى يحدث الشفاء بسرعة أكبر.

بعض استخدامات الأوزون في طب الأسنان

- التشخيص.
- التخلص من التسوس بقتل البكتريا.
- زيادة ترسب وتركيز المعادن في السن فتزداد صلابتها.
- تنشيط الدورة الدموية في اللثة، وتقليل الإحساس بالألم.
- علاج العصب (علاج الجذور).
- تبيض الأسنان.
- قرح الفم وأمراض اللثة.
- التعقيم.

ملاحظات:

- استخدام الأوزون في طب الأسنان يكون آمن جدا بفضل التقنيات الحديثة.

- يتميز العلاج بالأوزون انه غير مؤلم مما يعطيه مستقبل جيد في طب الأسنان الحديث.
- أهم الشركات التي تنتج أجهزه علاج بالأوزون في طب الأسنان هي شركه (KaVo) الألمانية وشركه (CurOzone) الأمريكية.

إستخدام الساونا بالأوزون لانقاص الوزن

وهى طريقة فعالة من طرق استخدامات الأوزون، حيث يؤدى الأوزون إلى تنشيط التمثيل الغذائى مع الاسترخاء فيؤدى إلى حرق الكثير من الدهون وإطلاق الكثير من السعرات الحرارية بخاصيتة كعامل مؤكسد قوى ويتم استخدام عدة وسائل مع الجهاز مثل غاز الاكسجين وغاز الأوزون والاشعة فوق البنفسجية وبعض الزيوت العطرية وحامض الكربونيك وبخار الماء الحار والمتأين.

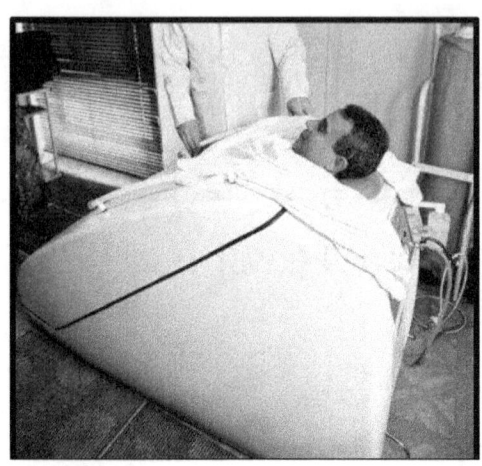

إستخدام جهاز ساونا الأوزون كما يشرحه الاستاذ الدكتور/نبيل موصوف أستاذ ورئيس وحدة العلاج بالأوزون بالمعهد القومى للأورام.

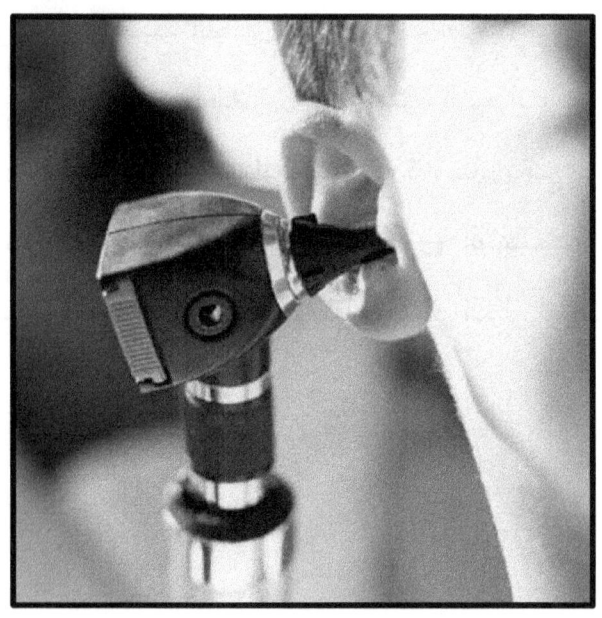

أسلوب تشرب الانسجة من خلال أنبوب إلى الاذن أو فتحة الشرج أو قناة مجرى البول لعلاج الالتهابات الناتجة من الفيروسات أو الجراثيم.

علاقة الأوزون والمجال الكهرومغناطيسى بعلاج فيروس (س)

اكتشف الدكتور (كارلو لونجى) 1994 م أن هناك علاقة بين الشحنات الكهرومغناطيسية التى يحملها كل من الفيروس المهاجم للعضو بالجسم والشحنة التى يحملها العضو المهاجم من الفيروس. فإذا كان العضو حاملا لشحنة كهرومغناطيسية أقل من الشحنة الكهرومغناطيسية التى يحملها الفيروس. فإن الفيروس يهاجم العضو و يتمكن من إصابته. مثال ذلك عند دراسة أسلوب فيروس (س) الذى يصيب الكبد فلوحظ ان الاشخاص المصابين بفيروس (س) ولا تظهر عليهم أعراض المرض يعود إلى أن الكبد لهؤلاء الاشخاص يحمل شحنات كهرومغناطيسية اكبر وتفوق الشحنات التى على الفيروس، وعندها يظل الفيروس ساكنا وخامدا دون تكاثر.

وعندما تنخفض الشحنات فى الكبد، ينتعش الفيروس ويتكاثر مسببا تلف خلايا الكبد.

وقد كان لاكتشاف الدكتور لونجى الاثر فى نجاح العلاج لفيروس (c) بزيادة كمية الشحنات الكهرومغناطيسية فى الكبد للشخص المصاب بعد اجراء كل التحاليل والفحوصات وقياس الشحنة الكهرومغناطيسية من خلال جهاز (N.p.c) لتقرير حجم

الجرعة المطلوبة للحقن من الأوزون. حتى يتم إخماد عمل الفيروس وسكونه. (إقتباس)

الأوزون وعمليات التجميل

حقن الأوزون تحت الجلد ..

يستخدم الأوزون بنجاح وبدون حدوث أضرار فى عمليات التجميل، فحقن الأوزون تحت الجلد يؤدى لافراز مادة الكولاجين التى تكسب الجلد مرونته ومظهره الصحى لانها تعمل على تحسين وظائف خلايا البشرة وخاصة الوجه، وهذا بالتالى يؤدى إلى الاستغناء عن حقن الكولاجين الخارجى عندما يقل مستواه فى الجسم. وتحقن المناطق التى يترسب بها الدهن بالاوزون – لان ذلك يعمل على إضافة كمية من الاكسجين تساعد على فرد وشد الجلد وحرق الشحوم الزائدة عن طريق إنتظام الدورة الدموية.

قناع الأوزون للوجه

يؤدى إستخدام قناع الأوزون على الوجه إلى تقليل التجاعيد حيث يعمل على تقوية الجدار الخارجى للخلية وتقوية الجهاز المناعى وتنظيف الخلايا وحمايتها .. وتنظيم مضادات الأكسدة

المحيطة بها، فيقلل من نسبة ضمور الخلية ويزيل الخلايا التالفة بالطبقة السطحية والمسئولة عن التجاعيد وخشونة الجلد وإزالة الترهلات.

تحضير القناع

من مرهم الأوزون (الزيوت المشيعة بالأوزون) مع مراهم والمضاف اليها بعض الفيتامينات المغذية، وتفرد على الوجه لفترة 20 دقيقة.

إنقاص الوزن

استخدام جهاز ساونا الأوزون، حيث يعمل على تنشيط التمثيل الغذائى فيؤدى إلى حرق كثير من الدهون وانطلاق السعرات الحرارية مما يفقد الجسم الكثير من الدهون، كما أن الأوزون يتصف بأنه مؤكسد قوى وبالتالى يعمل على إذابة الدهون إلى مركبات بسيطة .

الاوزون فى الصناعة

تمتع الاوزون بخاصيتين لاتتوافر فى غيره من المواد الاخرى التى استعملت فى أنه عامل مؤكسد قوى جدا ومطهر غير كيماوى

قوى جدا أيضا بالإضافة إلى تحوله إلى مادة آمنة بيئيا غير سامة وغير مؤذية وهى الاكسجين جعلته يتصدر المواد المستخدمة فى الصناعة، وخاصة فى الحالات التى تتطلب الحصول على مياه معقمة تماما قبل التصنيع حتى لايوثر ذلك على الاضافات لتكوين المنتج النهائى. كما تتطلب المنتجات توافر كمية من الأوزون متبقية أثناء التصنيع لتعمل على التعقيم.

1-الاوزون والتصنيع الدوائى

أصبح الاوزون هو أفضل المعقمات فى إنتاج الادوية والمحاليل المستخدمة فى التصنيع فتشبع الماء بالأوزون ثبت أنه يحقق ماء خالى تماما من الميكروبات وأفضل من الطرق السابقة التى إستخدمت مثل المرشحات البكتيرية والاشعة فوق البنفسجية، كما يمكن التخلص من بقايا الاوزون فى الماء بسهولة وتحويله للاكسجين.

2-الاوزون وتعقيم غرف العمليات

يتم حقن الأوزون فى وحدة مناولة الهواء فى وحدات التكييف المركزية الخاصة بالغرف والمناطق التى يرغب فى تعقيمها ويمكن التحكم فى نسبته المطلوبة عالميا والمسموح بها بدون تأثير على

الانسان، بل يفيد العاملين نتيجة عدم ثبات الأوزون بل يتحول سريعا إلى اكسجين .

3- تعقيم العبوات الدوائية

لقد تم الاستغناء عن الطرق السابقة لتعقيم العبوات بوضعها فى أوتو كلاف أو استخدام أشعة جاما وخطورتها, بوضع العبوات فى أجهزة تعقيم بالأوزون وخاصة لعبوات الامصال واللقاحات والتى يخشى عليها من التعقيم بالطرق الأخرى .

4- الأوزون واستخدامه فى تعبئة الماء :

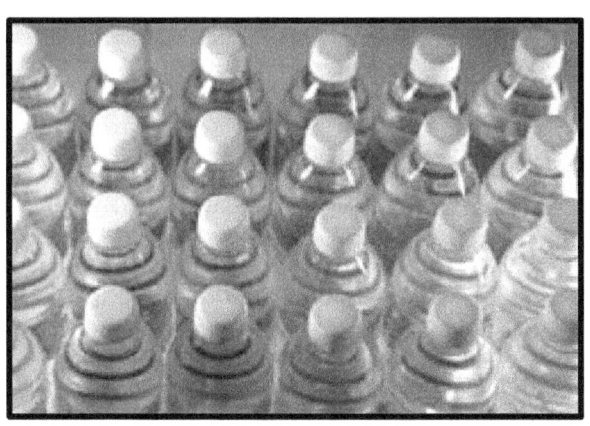

مع تزايد الاقبال على استخدام الماء المعبأ بعيدا عن المياه التى يتم تعقيمها بالكلور ومضارها كان للاوزون السبق فى هذا المجال حيث استخدم فى تعقيم المياه منذ عام 1893 م لاول مرة

وانتشر الآن بصورة كبيرة حيث يستخدم فى حوال 2500 مصنع ومحطة تعبئة فى كل أنحاء العالم ويتم السماح اثناء التعبئة بوجود كمية قليلة (0.6 جزء فى المليون لكل لتر) وهى الحدود الآمنة حتى لاتكون الزجاجة بيئة لنمو البكتريا إلى أن تصل إلى المستهلك.

5-الأوزون وحماما السباحة

ستخدم الاوزون فى تعقيم مياه حمامات السباحة بدلا من الكلور الذى يسبب أمراض الانف والاذن للسباحين لوجود بعض الكائنات الدقيقة التى يتخلص منها الاوزون تماما كما أن الكلور المستخدم فى تعقيم وتطهير مياه حمامات السباحة يتحد مع المواد العضوية المختلفة فى هذا الوسط لتكون الكلورامين، الترای

هالوميثان السامة والمسرطنة وهى السبب فى وجود الرائحة الكريهة فى الحمامات بالاضافة لتسببها فى احمرار العين والالتهاب الجلدى.

ويشترط الآن فى الالعاب الأولمبية أن يتم تطهير أحواض السباحة بالأوزون بدلا من الكلور.

6-الاوزون ومعالجة الصرف الصناعى والصحى

معالجة الصرف الصحى والصناعى

ثبت أن استخدام الأوزون فى معالجة الصرف الصناعى والصحى يعمل على اكسدة المواد العضوية اكسدة تامة خاصة وأن الاكسدة العادية تؤدى إلى انتاج نواتج اكسدة ثانوية مثل الالدهات

والكحولات والاحماض العضوية وكثير من الدول تستخدم للمعالجة واستخدام الماء مرة أخرى فى الشرب .

7- الأوزون والصباغة

استخدم الاوزون فى المياه الناتجه من عمليات الصباغة وإعادة استخدامها مرة أخرى خاصة باحتوائها على الوان عديدة وبكميات كبيرة جدا، وحقق لهذه الصناعة توفير فى مواد كيمائية كانت تستخدم وتخزينها ويحدث عنها نواتج ثانوية ضارة.

8- استخدام الأوزون فى المغاسل الصناعية

لقد حقق الأوزون نجاحا باهرا فى المغاسل الصناعية وثبت نجاحة عن الطرق الأخرى التقليدية فى الآتى:

أ. اكسدة المواد العضوية وغير العضوية التى تتواجد فى الأقمشة المتسخة والتخلص منها

ب. لايحتاج لعمليات نقل وتخزين للمواد المطهره الأخرى بل يتم توليد الاوزون فى نفس المكان

ج. يفيد استعماله كمقاوم للصدأ للاجزاء المعدنية للمغاسل والتى يحدث من المواد الأخرى

د. يزيد من نشاط المواد الكيماوية المستخدمة فى الصباغة بامدادها الاكسجين

هـ. ينقى ماء الغسيل لاكسدته المسببات والتخلص منها بسهولة

و. تطهير ماء الغسيل

ز. التخلص بسهولة من الدهون والزيوت والشحوم

ح. يحل محل الكلور فى عمليات التبيض

وأخيرا فإنه يحافظ على البيئة وتوفير الماء المستعمل ورفع عمر المغاسل وإزالة الروائح النفاذة وخاصة من الأقمشة بل ويحسن من مظهرها ونعومتها.

9-الأوزون كعامل مضاد للتآكل

إستخدام الأوزون فى أحواض الاستنلس ستيل يحافظ عليها من التآكل حيث يكون طبقة الكروم من اكسيد الكروم وبالتالى يوفر فى الاكسجين

10-الأوزون وصناعة الورق

أصبح له دور كبير فى إزالة اللجنين بالتعامل مع روابط المركبات الفينوليه الموجودة فى السليلوز والتخلص منها .. وبالتالى التخلص من أسباب اللون الغامق فى مادة السليلوز ثم تتم

عملية التبيض بنفس القدرة على الاكسدة للمواد المسببة للالوان وبدون أى آثار جانبية.

11- إستخدامات أخرى عديدة فى الصناعة

- فى صناعة المعادن فيستخدم فى معالجة أسطح العديد من المعادن
- فى معامل تصنيع تركيبات الاسنان مما يزيد من صلابتها لعشرة أمثال نظيرتها الغير معالجة .. كما يزيد من مقاومتها للصدأ إلى خمسة أضعاف مقاومتها العادية .
- يستخدم فى معالجة النسيج الصناعى والطبيعى لاكسابه الخصائص التى يتطلبها السوق من حيث المتانة والنعومة وقابلية التشرب للعرق بالاضافة إلى خاصية هامة وهى مقاومته للميكروبات

الفصل الثانى: الايونات السالبة

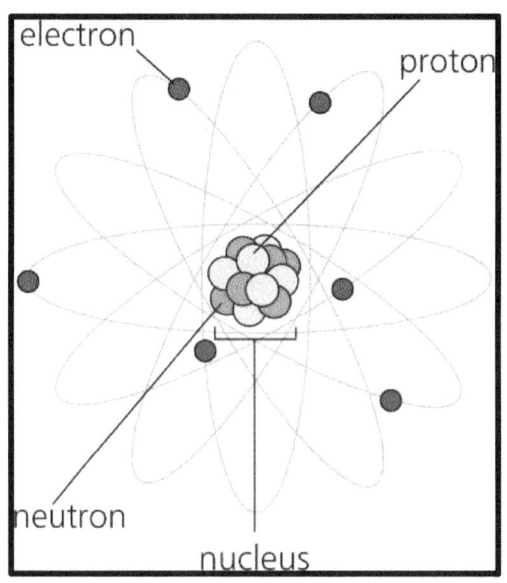

تتكون الذرة من نواة تحتوى على بروتونات ذات شحنة موجبه ونيترونات ذات شحنة متعادلة وتدور حول النواة اليكترونات ذات شحنات سالبة وتصبح هذه الذرة متعادلة بتساوى الاليكترونات (−) مع البروتينات وعندما تفقد الذرة الكترونات، فإنها تصبح موجبه الشحنة، وتسمى أيون موجب، وعندما تكتسب الذرة ذات الشحنة المحايدة الكترونات فإنها تصبح سالبة الشحنة. وتسمى أيون سالب أو أيونات سالبة.

الأيونات الموجبة والايونات السالبة وتأثيرها على الانسان والنبات فى الطبيعة

وجد أن هناك إختلاف بين تأثير كل من الايونات الموجبه عندما تسود والايونات السالبة عندما تسود فى أحدى المناطق، فبعض الرياح المعروفة مثل رياح الخماسين والرياح الجبلية الدافئة فى سويسرا . تتركز بها الايونات الموجبه والتى تسبب للانسان صداع وإكتئاب وأحيانا أزمات قلبية بينما الهواء الحادث عند الشلالات وفى الجبال أو فى الربيع بعد هطول الامطار والاماكن الزراعيه والشواطئ والبحار والانهار تزداد بها الايونات السالبة وقد أشارات البحوث أن الايونات السالبة تنشأ نتيجة لاحتكاك قطرات الماء وتكسرها فى الهواء، لذلك نشعر بها عند مناطق المياه الجارية وحول النافورات وحتى أسفل الدش فى المنزل .. وكلها تتشبع بالايونات السالبة.

وهذه الأيونات السالبة لها تاثير إجابى على الكائنات الحية، حيث تنمو النباتات بصورة أسرع واكثر صحة ويشعر الانسان بحالة من النشوة والاسترخاء والراحة النفسية والعصبية، ويطلق على الايونات السالبية إسم (فيتامينات الهواء).

لماذا يشعر الانسان براحة ونشاط مع الايونات السالبة ؟

أشارت الابحاث أن تأثير الايونات السالبة يكون على كرات الدم الحمراء وجدران الاوعية الدموية لانها تحمل شحنات سالبة خفيفة ومع وجود الايونات السالبة فإنها تتنافر بما يساعد فى تدفق الدم ويحسن الدورة الدموية ويتحسن الهيموجلوبين فى حمل الاكسجين وتقل لزوجة الدم ويتحسن جهاز المناعة كما أن للايونات السالبة تأثير إيجابى على الجهاز العصبى والغدد والجهاز التنفسى . كما أن لها تأثير على الجلد حيث يسرع من إلتئام الجروح والحروق ويتحسن الجلد ويتعافى.

دور الايونات السالبة للاكسجين فى نظافة الهواء من الملوثات

تمتص جزيئات الاكجسين فى الهواء الإلكترونات المنبعته من الشمس فى الطبيعة والتى تحملها الامطار لسطح الارض وأثناء ذلك تطلق طاقة فتنخفض درجة حرارتها ، وتبدأ فى التكتل على شكل مجموعات أوكسجين عنقودية بقوة

O^{-6}و O^{-4}و O^{-2} ... الخ

وتقوم هذه المجموعات العنقودية بتنظيف جو الارض من كافة الملوثات التى يتسبب فيها من على الارض، فهى عملية طبيعية.

إحترس فى بيتك أجهزة لتوليد الشحنات الكهربائية الموجبه والضارة

لايخلو منزل من أجهزة كهربائية حديثة مثل أجهزة التكييف والافران الكهربائية –الميكروويف والتلفار والكمبيوتر والموبايل .. وكل هذه الاجهزة التى تحقق لك الرفاهية فى أداء العمل .. لكنها تمدك بأيونات موجبه ولوعلمت أن جهاز التلفار ينتج مليون أيون موجب فى الدقيقة وكلما اقتربت منه أو من شاشة جهاز الكمبيوتر كلما تأثرت اكثر بهذه الايونات وسببت لك الإرهاق وعدم التركيز والشد العصبى وألام الرقبة والظهر .

ومن الخطورة أن هذه الأجهزة بالاضافة لوجود الالياف الصناعية والنباتية فى الاثاث والملابس ومكيفات الهواء كلها تؤدى لاستنزاف الايونات السالبة .. بالاضافة للتلوث الحادث حولنا من عادم السيارات والتدخين والإزدحام حتى نظام المبانى الاسمنتية تستنزف الايونات السالبة.

وقد اكدت الدراسات الحديثة أن نسبة الايونات السالبة فى بعض المناطق التى تزدحم بالناس والمعدات الكهربائية والتلوث

الناتج عنهم تتراوح مابين 25-50 من الايونات السالبة لكل سنتمتر مكعب.

وتركيز الايونات فى الظروف العادية داخل المنزل يجب أن يتراوح من 2000 إلى 4000 من الأيونات السالبة لكل سم 3 وعندما يتحقق هذا التوازن ينجم عن ذلك نظام بيئى متوازن وانتعاش الحياة النباتية والحيوانية، وقد اكد الباحثون أنه من المستحيل تحقيق أداء نموذجى للانسان فى بيئة بها 1000 من الايونات السالبة أو أقل ..

أجهزة التكييف والايونات السالبة

لم يعد إستخدام أجهزة التكييف قاصرا على تبريد الهواء أو تسخينة فقط سواء فى المنازل أو محطات مترو الانفاق أو المكاتب أو المستشفيات بل أصبح العنصر الأهم هو تطبيق

تقنيات التكييف الصحى لمنع إنتقال الهواء الملوث من مكان لآخر وعدم الاعتماد على وظائف أجهزة التكييف فقط الرئيسية التى وجد أنها تقلل نسبة الاكسجين النقى فى الجو بينما تزيد نسبة ثانى اكسيد الكربون ويزداد خطورة ذلك فى الاماكن المزدحمة وقد كانت بداية تطبيقها فى دول شرق آسيا مع انتشار فيروس سارس حيث أضيف للأجهزة نوعين من النظم التى تعمل على تنقية الهواء

1- تركيب اجهزة لاصدار الاشعة فوق البنفسجية فى الجهاز المسئول عن تدوير الهواء وتبريده بغرض قتل الفيروسات

2- اجهزة تنشيط للاكسجين (ايجاد ايونات اكسجين سالبة وأخرى موجبة) حيث ينتج من اتحادها شحنات كهربائية مبيدة للجراثيم والميكروبات وتعمل هذه الاجهزة على مجارى الهواء التى تصل بين التكييف المركزى والاماكن المختلفة لتوزيع الهواء.

الأيونات السالبة والرياضين

فى تجربة لباحث روسى على عدد 40 رياضى لرفع الأثقال ، فى أداء بعض التمارين, وبعد فترة من ممارستها وظهور الإرهاق عليهم ، قسمهم إلى ثلاث مجموعات كالآتى :

1- وضع أول مجموعة فى مكان مشبع بالأيونات السالبة

2-المجموعة الثانية فى مكان هواؤه مشبع بالأيونات السالبة والايونات الموجبه

3-المجموعة الثالثة فى الهواء الجوى المحيط بالمكان

النتائج كانت كالآتى:

1-المجموعة الأولى دب النشاط فيها أولا

2-المجموعة الثانية بدأ النشاط يظهر عليها بعد فترة

3-المجموعة الثالثة بدأ النشاط يظهر عليها بعد فترة من المجموعة الثانية

الاستنتاج:

ينشط الرياضين بعد الارهاق نتيجة لممارسة التمارين فى وقت قليل فى وجود الأيونات السالبة

الأيونات السالبة تزيد من الذكاء والانتباه

فى تجربة على فئران التجارب والسماح للفئران بالاختيار بين المجموعات الثلاثة من الأقفاص كالآتى :

1-أقفاص تحتوى على أيونات سالبة

2-أقفاص تحتوى على أيونات موجبة

3-اقفاض تحتوى على هواء عادى

النتائج كانت كالآتى:

لم تختار الفئران الدخول للقفص المحتوى على الأيونات الموجبة والقليل منها دخل القفص المحتوى على الهواء الجوى العادى بينما أغلبها دخل للقفص المحتوى على الايونات السالبة فماذا تختار أنت؟

جدول يبين نسبة الأيونات السالبة فى أماكن مختلفة

المكان	نسبة الأيونات السالبة بالسم المكعب
الشلالات	25.000 – 100.000
الكهوف	5.000– 20.000
الجبال	700– 5.000
الريف	700– 2.000
المدن الصناعية	250–750
داخل المنزل والنوافذ مفتوحة	250– 500
داخل الطائرات	20–250
داخل المكاتب مع تهوية بالمكيفات	0– 250
داخل غرف يتم فيها التدخين	100 – صفر

أجهزة حديثة ومتنوعة لاطلاق الايونات السالبة

بعض الاجهزة المنتجة لايونات سالبة –بالترتيب 3 اجهزة مختلفة وسشوار وفرشة شعر

تعددت الابحاث والنتائج وتبقى حقيقة واحدة أننا نعيش عصر الأجهزة الحديثة والمبتكرات التى لاتنتهى وكل شئ له أسواقه ودعايته، وبعد إكتشاف التأثيرات الضارة للعديد من الأجهزة المستخدمة فى حياتنا لتقدم لنا التكنولوجيا لتبسيط الأداء وتوفير الرفاهية والراحة .. فظهرت الأجهزة التى تعادل هذا الضرر من

خلال أجهزة متعددة، ومن هذه الاجهزة نوعيات تستخدم لانتاج ايونات سالبة فهى الحل الامثل لامراض العصر .. فأنتجت الشركات العالمية مولدات الايونات السالبة فى أشكال عديدة حتى أن الشركات الأخرى التى تنتج أجهزة معينة مثل أدوات التجميل أضافت لمنتجها هذه التنقية الحديثة فبدأنا نسمع عن – المجوهرات التى تعرض إسورة الايونات السالبة وقلادة من الثورمالين التى تنتج أيونات سالبة وأمشاط للشعر لتنظيف الشعر من القشرة بالأيونات السالبة ولانعاش الدورة الدموية – وتلجأ الشركات التى تنتج المراوح وأجهزة التكييف إلى نفث الايونات السالبة مع أجهزتها لجذب المزيد من المستهلكين ومن المعروف، أن الايونات السالبة المنبعثة من الأجهزة الحديثة ليست طبيعية، ولكنها تنتج بتمرير تيار كهربائى قوى من خلال قطعة معدن رفيعة فتطلق الذرات المشحونة فى الهواء.

الحمد الله

المراجــع

- د/أحمد تيمور – رئيس أول وحدة بطب الأوزون – جامعة الأزهر
- د/فاتح سراج الدين –موقع العلاج بالأوزون – العيادة الكندية للطب البديل
- أ.د/محمد نبيل موصوف – رئيس الجمعية المصرية للعلاج بالأوزون
- استاذ دكتور/عادل اسكند عبد الرحمن – المركز المصرى للعلاج بالأزون
- أ.د/ أيمن فاخر – استشارى العلاج بالأوزون ومضادات السموم
- د/ابان سينجلتون – الاستاذ بجامعة نيوكاسل الريطانية " تقرير عن تخزين الاطعمة بالأوزون "
- د/ضياء الانصارى –دور الأوزون فى حفظ الاغذية – زراعة اسكندرية
- الاستاذ الدكتور/ عواد حسين – تداول الحاصلات البستانية – زراعة اسكندرية
- د/دعاء الشاطبى – مركز بحوث البساتين تجارب بحثية

- المهندس/ محمد أنور حمادة – خبير فى أجهزة الأوزون واستخداماته
- الاستاذ الدكتور – عزت السيد مهدى – جامعة أسيوط – تجارب بحثية

المراجع والمواقع الاجنبية

ozone@ozonevatergenerator.com

الفهـــرس

مقدمـــة	1
الفصل الأول: الأوزون	3
أولا: تعرف على الأوزون	4
الأوزون فى الطبيعة	4
طبيعة غاز الأوزون	10
كيفية إنتاج الأوزون صناعيا	15
ثانيا: الاوزون والزراعة	24
الأوزون فى الحفظ والتخزين	24
الأوزون فى مزارع الدواجن	27
الأوزون ومنتجات الالبان	34
الأوزون واستخدامه فى قطاع زراعة النباتات	38
الأوزون فى مكافحة الامراض الفطرية والبكتيرية	41
تنقية مياه المزارع السمكية	43
حفظ الاسماك بالاوزون	45
ثالثا: الاوزون وإستخداماته المنزلية	47
رابعا: الاوزون والطب	51
الاكسجين وأهميته لجسم الانسان	54
كيفية عمل الاوزون داخل جسم الانسان	57
الاوزون فى مصر	70
أهم الامراض التى يساعد ماء الاوزون فى شفائها	71
تحضير ماء الاوزون	72

كيف تستفيد من ماء الأوزون فى التداوى	74
الأكسجين هو الاداة المثلى لصحة كاملة والاوزون هو الصورة المثلى للحصول على الاكسجين لجسمك	74
إستخدام ماء الاوزون فى الحفاظ على صحتك	75
الخلاصة	77
إستخدام زيت الزيتون المشبع بالأوزون	78
تطبيقات ناجحة للعلاج بالأوزون	80
الاوزون فى الصناعة	91
الأيونات الموجبة والايونات السالبة وتأثيرها على الانسان والنبات فى الطبيعة	100
لماذا يشعر الانسان براحة ونشاط مع الايونات السالبة ؟	101
دور الايونات السالبة للاكسجين فى نظافة الهواء من الملوثات	101
أجهزة التكييف والايونات السالبة	103
الأيونات السالبة والرياضين	104
الأيونات السالبة تزيد من الذكاء والانتباه	105
أجهزة حديثة ومتنوعة لاطلاق الايونات السالبة	107
المراجــــع	109
المراجع والمواقع الاجنبية	110
الفهـــرس	111

www.ingramcontent.com/pod-product-compliance
Lightning Source LLC
Chambersburg PA
CBHW070151230526
45471CB00002B/620
9781987488647